[袋版]

崔玉涛图解家庭育儿

• 小儿营养与辅食添加

• 崔玉涛 / 著

获得更多资讯，请关注：

科学家庭育儿微信公众账号

人民东方出版传媒
東方出版社

崔大夫寄语

从2001年起在《父母必读》杂志开办“崔玉涛医生诊室”专栏至今，在逐渐得到社会各界认可的同时，我也由一名单纯的儿科临床医生，逐渐成长为具有临床医生与社会工作者双重身份和责任的儿童工作者。我坚信，作为儿童工作者，就应有义务向全社会介绍自己的知识、工作经验和体会。

从2006年开办个人网站，到新浪博客之旅，又转战到微博，至今已连续1400多天没有中断每日微博的发布，累计发布微博达6100多条，粉丝达到550万。在微博内容得到众多网友的青睐之时，我深切感受到大家对更多育儿知识的渴求。微博虽然传播速度快，但内容碎片化，不能完整表达系统的育儿理念。于是，2015年2月5日成立了“北京崔玉涛儿童健康管理中心有限公司”，很快推出了微信公众号“崔玉涛的育学园”和育儿APP“育学园”，近期又在北京创立了第一家“崔玉涛育学园儿科诊所”。其目的就是全方位、立体关注儿童健康，传播科学育儿理念，为中国儿童健康服务。

为了能够把微博上碎片化的知识整理成较为系统的育儿理论，在东方出版社的鼎力帮助和支持下，经过一定的知识补充，以漫画和图解的形式呈现给了广大读者。这种活跃、简明、清晰的形式不仅是自己微博的纸质出版物，而且能将零散的微博融合升华成更加直观、全面、实用的育儿手册。本套图书共10本，一经面世就得到众多朋友的鼓励和肯定，进入到育儿畅销书行列。为此，我由衷感到高兴。这种幸福感必将鼓励我继续前行，为中国儿童健康事业而努力。

此次发行的版本，就是为了满足更多朋友的需要，希望将更多的育儿知识传播给需要的人们。我们一道共同了解更多育儿理念，才能营造出轻松、科学养育的氛围。我的医学育儿科普之旅刚刚启程，衷心希望更多医生、儿童健康工作者、有经验的父母加入进来，为孩子的健康撑起一片蓝天，铺就一条光明之路。

崔玉涛

2016年9月18日于北京

目录
contents

小儿辅食添加基本原则

2 家长容易进入的辅食添加误区

3 小儿辅食添加过程中经常出现的问题

4 崔大夫门诊问答

1 小儿辅食添加基本原则

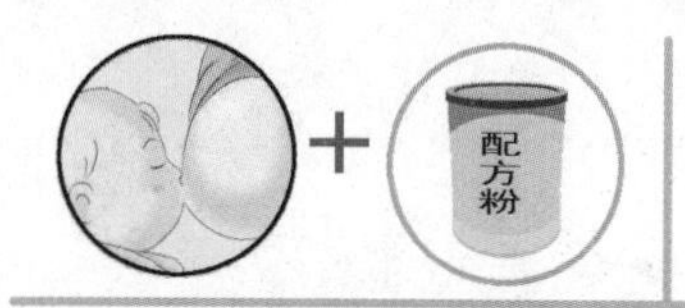

婴儿的主食

母乳、配方粉

婴儿的辅食

母乳和配方粉之外的任何液体和固体食物

1岁半之前保持一定奶量可奠定婴幼儿生长的食物基础

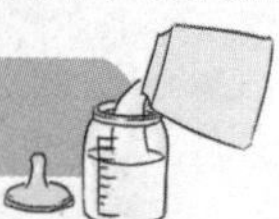

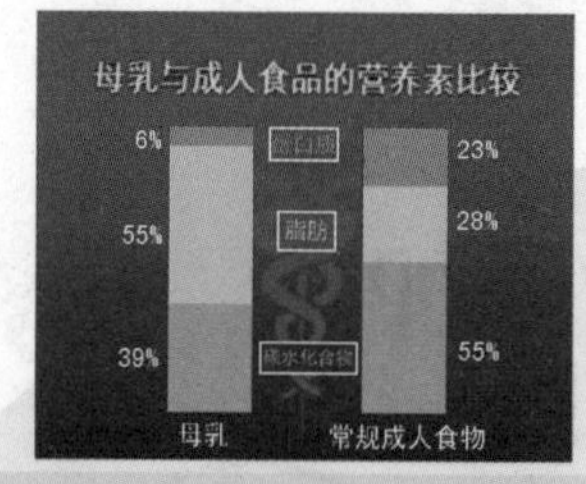

母乳与成人食品的区别在于，前者脂肪含量高，后者碳水化合物和蛋白质含量高。1克脂肪在体内氧化产生的能量，远远大于碳水化合物和蛋白质产生的能量。

研究发现，对于健康足月儿和营养状况好的母亲来说，6个月内纯母乳喂养可以满足婴儿对蛋白质、脂肪、碳水化合物、多种维生素以及人体矿物质的需求。

当母乳喂养或配方粉喂养不能满足婴儿营养和生长发育的需求时，便需要给孩子添加辅食。其目的在于补充母乳喂养所造成的营养摄入不足。

婴儿的主食与辅食

婴儿的主食指的是奶，包括母乳和配方粉。辅食指的是除了母乳、婴儿配方粉和较大婴儿配方粉以外的食物，包括任何液体和固体食物。与辅食相比，婴幼儿的“主食”——奶，其脂肪含量高，蛋白质和碳水化合物含量相对于成人食物较低。比较而言，母乳属于高密度、高热量食物，因为 1 克脂肪在体内氧化能产生 9 千卡能量，而 1 克碳水化合物或蛋白质氧化只分别产生 4 千卡能量。

对于辅食的称呼有几种，比如固体食物、泥糊状食物等。我之所以仍然偏好于使用“辅食”这个称呼，是为了提醒家长，孩子 1 岁半之内奶制品应为“主食”。在 1 岁半以前只有以奶为主食，才能保证相对高密度能量的提供，如果米粥、烂面条等低密度食物所占比例增加，则会影响婴幼儿奶的摄入量，那么食物提供的能量将大大减少，不利于婴儿的正常生长。婴儿 6 个月至 1 岁期间，应保持每天喝奶量在 600ml 至 800ml，1 岁至 1 岁半不少于 400ml 至 600ml。即使孩子非常喜欢接受辅食，也不能让辅食喧宾夺主，保证主食的摄入量，才是保证营养的基础。然后再根据孩子每日进食的奶量及生长情况来决定提供给孩子怎样的辅食搭配。为了达到更好的喂养效果，家长需要调整辅食的结构及喂养量，来更好地搭配主食“奶”，以使孩子更好地生长发育。

实际生活中，很多家长反其道而行之。面对一个每次吃完辅食后还想吃的孩子，家长很容易把喂养的重点放在“辅食喂养”上，在此提醒家长们一定要避免这一点。另外，“辅食”这个概念应该在婴儿 1 岁半之后废除。

辅食添加的最佳时间为母乳喂养满6个月间。

原因：

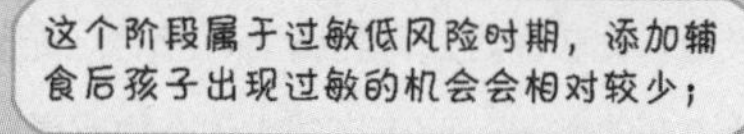

这个阶段属于过敏低风险时期，添加辅食后孩子出现过敏的机会会相对较少；

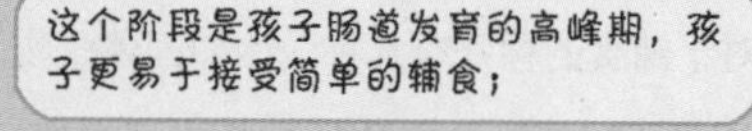

这个阶段是孩子肠道发育的高峰期，孩子更易于接受简单的辅食；

这个阶段口腔细小肌肉开始发育，对今后的咀嚼能力发育和语言能力的发展有利。

早产儿辅食添加时间应该为矫正年龄满6个月。

矫正年龄（月）=实际出生年龄（月）-（40周-出生时孕周）/4。

例如：孕32周出生的早产儿生后6个月

矫正年龄=实际出生年龄6个月－（40周－出生时孕周32）/4=4个月

孩子多大开始添加辅食比较好

研究发现，母乳喂养满 4～6 个月间为小儿辅食添加的最佳时间，早产儿辅食添加时间应该为矫正年龄满 4～6 个月。但对于什么时候开始添加辅食，家长不仅应该关心孩子的月龄，还要观察孩子是否已经对大人吃饭产生关注。比如，大人吃饭时，孩子是否开始出现眼神固定，并出现吞咽、流口水等动作，或者孩子近期体重增长偏缓也是一个应该添加辅食的标志。

也就是说家长应该关心孩子的身体状况以及接受能力，要先对孩子进行一番评估，再根据评估结果决定是否可以开始添加辅食。这些评估包括以下内容：

1. 孩子肠胃和肾脏状况，包括母乳或配方粉消化吸收情况、是否有便秘或腹泻、是否有过敏、是否有明显的胃食道反流，以及排尿情况等。

2. 孩子神经系统的成熟度，包括吞咽能力、对大人进食是否有明显反应等。

3. 孩子的营养状况，包括母乳和配方粉喂养能否保持良好营养，如果母乳和配方粉喂养能够保持良好营养，就可稍微延迟辅食添加。

辅食添加过早可能会对健康产生不良影响，不满 4 个月添加菜水、果汁、水果泥等都属于过早添加。家长同时还要注意，在尝试添加辅食期间，要保证孩子一贯的喂养规律，不要主动减少母乳或配方粉喂养量和喂养次数。至于每日辅食应吃的量，每个孩子每餐量都是不一样的，家长不要刻意强求固定数量。

婴儿第一口辅食的最佳选择：

婴儿营养米粉

营养米粉不是方便粉　　也不是半成品

是专为婴幼儿设计的均衡营养食品。

均衡营养

自家做的米粉中营养成分不丰富、不均衡，不利于婴幼儿的生长所需。

首次添加辅食的最佳选择：婴儿营养米粉

首次给孩子添加辅食，好多家长都不知道究竟应该选择什么，应给孩子吃鸡蛋，还是吃菜泥？其实都不是，首次添加辅食最好的选择是婴儿营养米粉。

婴儿营养米粉和婴幼儿配方粉一样，是专为婴幼儿设计的均衡营养食品。它所含的营养成分比较全面，其营养价值远远超过鸡蛋黄及蔬菜泥等营养相对单一的食物，更能满足婴幼儿的生长需求，而且过敏发生的概率也低。营养米粉以米为基础，但不是简单地将米磨成粉即可，而是在米粉的基础上添加了婴幼儿生长必需的多种营养素，包括足够的蛋白质、脂肪、维生素、DHA、纤维素和微量元素，其中还有人们高度关注的钙及维生素 D，特别富含铁。这些营养素是这个年龄段发育所必需的。此外，有些品牌的婴儿营养米粉还添加了益生元或益生菌。

除了在营养方面所具备的优势，婴儿营养米粉还非常容易调制成均匀糊状，调制量任意选择，随时选用，而且味道接近母乳或配方粉，这使得它更容易被婴儿接受。

小儿辅食添加的原则：少量、简单

给孩子添加辅食要一种一种地添加，由简单到复杂，并要把握以下原则：

1. 要根据咀嚼状况选择食物性状，不与其他孩子比较。

2. 根据大便次数和性状，了解孩子对食物的消化和吸收程度。

3. 出现异常情况，如呕吐、腹泻、出疹子、拒食等，要及时停喂这种食物。

小儿辅食添加的原则：少量、简单

开始添加辅食的时间在 4～6 个月，启动辅食也需要两个月时间，按着少量、简单的原则，一种一种地给孩子添加。仔细观察孩子的接受情况，以便随时调整添加方案。

开始添加第一种时，可以在一天之内喂食两次，连喂 3 天，在这 3 天之内要留心观察，如果孩子接受良好，那么这种食物进食一周后，就可以再添加另一种新食物了。一旦孩子出现异常反应，要暂时停喂，3～7 天后再添加这种食物，如果同样的问题再次出现，应考虑孩子对此食物不耐受，需停止至少 3 个月，以免对孩子造成损伤，如过敏。家长要注意观察孩子的不适症状是否可以缓解，同时向医生、有经验父母请教，寻找原因和解决的办法。在 2～3 个月的时间内用这种方法不断尝试，就可获得最适合孩子的食谱了。

家长或许会觉得这种方法有点麻烦，但是这么做很有必要。如果几种新食物同时添加，一旦孩子出现不耐受现象，家长很难一下子发现原因。添加辅食要由少到多、由简单到复杂，根据孩子的接受情况而随时调整。最初可添加营养米粉，等孩子能够接受米粉后，逐渐添加维生素和纤维素为主的菜泥、蛋白质为主的肉泥和蛋黄，要将这些食物混入米粉混合着喂食，营养也会相对丰富和均衡。初期的辅食比较清淡，混合起来喂食会使辅食味道良好。

孩子 1 岁前，都要把其他食物混在米粉中给孩子喂养，这样还可以避免因多种味道分别刺激孩子而出现的偏食或挑食的现象，减少未来出现不良饮食习惯的可能性。

米粉应该在母乳前
还是母乳后喂呢?
应该在母乳喂养前喂米粉。
为什么？万一孩子米糊
吃饱了，不吃或少吃母
乳，不是适得其反吗？
不是提倡母乳喂养吗？
米粉等辅食添加的目的就
是随着孩子长大逐渐替代
一定的母乳或配方粉。
配方米粉

喂养顺序：先喂辅食后喂奶，一次吃饱

刚开始添加辅食时，家长往往比较随意，想起来了就给孩子喂一点，没有计划性，这其实是不对的。家长不仅要关注辅食的种类与添加方法，更要使每次添加过程更科学，在细节上做到位。

每次辅食添加的时间应该安排在两次母乳或配方粉之前，先吃辅食，紧接着喂奶，让孩子一次吃饱。添加辅食之初，每次辅食的进食量有限，需要再补充奶才能让孩子吃饱了。这样做能够避免出现少量多餐的问题。少量多餐不仅会影响孩子进食的兴趣，还会影响消化的效果。辅食添加的规律为一天两次。

之所以要先吃辅食，是因为要持续保持孩子“饥”和“饱”的感觉。两次喂奶间给孩子添加辅食，此时孩子还未饥饿，对辅食兴趣不大；进食后也未必吃饱；下次吃奶时又还未饥饿，造成对奶的兴趣降低。周而复始，孩子失去了“饥”和“饱”的感觉。饱腹的体验，不仅可满足心理需求，还会促进胃肠功能发育；饥饿感觉的缺失，会导致孩子进食兴趣的相应降低，受此影响，胃肠功能也会下降。

另外，添加辅食后，孩子的进食时间和进食次数都不应该有明显改变，奶的摄入量也不应因为添加辅食而减少。只增加了一项，要在两次喂奶前有辅食的先期食入。

孩子没有别人家孩子吃得多怎么办？

家长不要以其他孩子的进食状况作为自己孩子的进食标准，而要关注以下几点：

1. 进食过程是否顺利。如果进食顺利，孩子会调整每次进食量，而不应是家长绝对调控。

2. 进食后是否达到满足感（饱腹感）。

3. 大便是否正常。若大便中带有原始食物颗粒，可将辅食加工得再细致些；若大便量增多，可适量少喂些。

4. 生长是否正常。

吃多了不限制，吃少了不强制

从新生儿开始，孩子就知道“饿”和“饱”。家长应控制每次孩子进食的种类，由孩子自己去控制每次具体的进食量。孩子对食物的接受状况也非常重要，家长也要细心观察。家长应尊重孩子的自我调控能力，如果每次都能将为其准备的奶喝完或辅食吃完，同时没有呕吐、腹泻等不适表现，家长就可以逐渐给孩子增加奶量或辅食量。家长要把握好一个分寸，即吃多了不限制，吃少了不强制，这样孩子对进食才会有兴趣。

家长往往对进食量给予太多关注，其实，家长更应该关注进食过程和喂养行为，这不仅决定进食量，也决定今后的行为发育。强迫、哄骗进食，不仅不利于营养的消化和吸收，也容易诱导孩子出现异常行为，对近远期身体和行为的发育都不利！孩子不是机器，不是顿顿进食都能保持固定数量。

要让孩子有效地体会“饥”和“饱”的感觉，了解和发现孩子的进食规律，以便合理配合；不主观臆断，也不与邻家孩子做比较，让孩子根据自己的真实感受有效调控进食数量。每次喂奶或喂饭，家长可以多准备一些。当孩子吃饱时，应该有些剩余，这样才能知道孩子真正的进食量。再有，家长要把握一个原则：即使进食正常的孩子，每次进食也可能有 20% 的偏差，每天进食可能有 40% 的偏差。不要以一次的进食量作为每次必需进食的标准。

此外，家长也不宜迷信从各种渠道获得的相关喂养信息，可以把这些信息当做参考。除了每次进食量外，两次的进食间隔时间和每日进食次数也应根据孩子的情况酌情决定。

母亲怀孕期间进食和吸收的许多味道会被输送到其羊水中。婴儿对味道的选择，早在母亲孕期就开始培养了。

婴儿更愿意吃自己熟悉的味道，所以母亲在孕期应该进食多种食物。

在母乳喂养期间，母亲的饮食种类会影响到母乳的味道，这也是婴儿今后能顺利接受自己家庭食物味道的基础。

仅仅把食物端到孩子的面前看他是否愿意吃是不够的，必须让他尝试。

实际上，家长不应该把注意力放在孩子的面部表情上，而应该放在他吃的意愿上，不断让孩子多次尝试，比如孩子在接触一些略带苦味的蔬菜时，在反复的尝试中孩子的接受度也在逐渐增加。

家长对孩子口味的引导

婴儿对味道的选择，早在母亲孕期就开始培养了，因为母亲进食和吸收的许多味道会被输送到其羊水中。婴儿出生以后的纯母乳喂养期间，也是影响孩子未来对食物选择的一个阶段。母亲饮食的种类会影响到母乳的味道，这也是婴儿今后能顺利接受自己家庭食物味道的基础。从这点来说，母亲除了不要吃会引起婴儿湿疹、腹泻、便秘、肠胀气等不适的食物外，饮食要尽量丰富多样。添加辅食以后，为了增加婴儿对食物的接受度，除婴儿营养米粉之外，母亲在怀孕与哺乳期喜欢吃的食物就应该成为婴儿最早接触的食物。

度过最初的适应期，家长就应该让孩子接触各种味道。婴儿可以区分不同种类的水果和蔬菜的味道，品尝某种特定食物或吃各种味道的食物都能增强婴儿进食各种各样食物的意愿。在吃饭时和两餐之间，母亲要反复让婴儿吃多种营养丰富的水果和蔬菜，还要把握时机在熟悉的食物中添加新口味，帮助婴儿适应新食物，这样做不仅能促进味觉发育，还有助于今后的进食。因为食物的味道不同，其营养素含量相差较大，所以喜欢不同的味道最终会增加营养成分的摄入种类，并提高实现均衡饮食的可能性。家长要把握好添加新食物种类的度，更应该关注孩子所处的阶段。1 岁内婴儿宜进食母乳、配方粉和泥糊状且味道清淡的辅食，以原味食物为主；1 岁后，就可以逐渐添加口味稍重的食物了。不要让孩子过早尝试添加了调味品的食物，接触味道较重的食物容易导致婴儿“厌食”自己的食物，造成营养摄入不足，也不要过早添加成人的食物，以免出现消化不良，影响营养素的吸收。3 岁幼儿才能完全接受成人食物。

谁都知道人类的牙齿是用来咀嚼的，可是几乎所有的婴儿在刚生下来时都没有牙齿。

当婴儿长到6个月左右的时候牙齿才开始萌出，大约到2岁~2岁半乳牙才基本长齐。

其中磨牙开始长出的时间大约在1岁半。根据这样的规律，孩子什么时候能够咀嚼小块状的食物呢？

咀嚼能力形成的两个阶段为咀嚼动作的形成与咀嚼效果的出现。千万别认为孩子有牙就会咀嚼，千万别认为给孩子小块状食物就会咀嚼。孩子开始添加泥糊状辅食时，要教会孩子口中有食物时应该咀嚼，先学会咀嚼动作，待磨牙长出后就会有良好的咀嚼效果。如果婴儿还未萌发磨牙（俗称大牙），即使已具有咀嚼动作，但不会有咀嚼效果。

家长要开始训练孩子的咀嚼动作

咀嚼虽然是人的本性之一，但也不是先天固有的，需要有一定的前提条件——磨牙的存在和有效咀嚼动作。孩子出生后6个月起开始萌出的前面门牙，可以啃食物，但是不可能起到磨碎食物的作用，因此不能参与咀嚼。

对于磨牙还没有萌出的婴儿，家长应该有意地先训练孩子的咀嚼动作。当孩子进食米粉等泥糊状食品时，家长嘴里也应同时咀嚼口香糖之类的食物，并同时进行夸张的咀嚼动作。通过这样的表演式的行为诱导，孩子就会逐渐意识到进食非液体食物时应该先进行咀嚼，才能吞咽。

多次进行咀嚼式表演的诱导，孩子就会学会吞咽前的咀嚼动作。即使孩子学会了咀嚼，在磨牙萌出之前，还是不能给婴儿提供含有小块状的食物。因为无效或效果极微的咀嚼动作不能达到对食物有效的研磨，这样的食物直接吞进胃肠，会造成食物消化和吸收不够完全，既增加了食物残渣量，也就是粪便量，同时也减少了营养素的吸收，长时间还可造成生长缓慢。

孩子喜欢进食成人食物可能与成人食物味道丰富有关。加上有些孩子吞咽功能又强，就会出现囫囵吞枣式的进食方式。这样非常不利于食物内营养素的吸收，会造成排便量增多，生长反而减缓，达不到预期的效果。

磨牙萌出，加上有效的咀嚼动作就可开始真正咀嚼块状食物了。这是个循序渐进的过程，家长不要操之过急。此时，家长给孩子喂食时，仍然要进行表演式的咀嚼动作，使孩子巩固进食时先咀嚼再吞咽的习惯。如果孩子在磨牙萌崔医生，你好！我家小男孩两周岁半，吃饭总爱含着不咀嚼，或者给吐出来，或者囫囵咽掉。有没有什么好方法？

这说明孩子不会咀嚼或者不明白嘴里有食物需要咀嚼。解决孩子不爱咀嚼的情况并不难，每次喂饭时家长与孩子一同吃，并在孩子面前夸张地咀嚼，用实际行动教会孩子咀嚼。当然，家长一定要有耐心。只有咀嚼效果好，营养素吸收效率才高。

何时开始训练孩子的咀嚼能力？

只要开始吃辅食，就应开始咀嚼能力的训练。喂辅食时，大人嘴里应同时咀嚼食物，哪怕是口香糖，这可从行为上引导孩子，当口内有食物时应该咀嚼。只有学会了咀嚼动作，当磨牙长出后才会有咀嚼效果。咀嚼过程促进面部细小肌肉的发育，对语言的发育也意义重大。

出之前没有学会咀嚼，就有可能出现即使有了磨牙也不咀嚼而直接吞咽的现象。有些孩子吞咽能力较强，即使没有充分咀嚼食物同样可以直接吞咽。家长往往不会发现太多的问题。可是有些孩子不接受直接吞咽小块状食物，就会在进食时将小块食物吐出来。遇到类似情况，家长更应该采用表演式的咀嚼动作渲染进食过程。千万不要责备婴儿，以免造成婴儿心理逆反，更加不接受小块状食物。另外，家长必须以孩子的磨牙萌出作为前提，而不是以磨牙萌出的“规律”作为依据。因为婴幼儿磨牙萌出的时间差异较大。

咀嚼是个循序渐进的过程，既要等待磨牙的萌出，又要及早训练咀嚼能力。如果两者不能得到很好的匹配，就会出现囫囵吞枣的进食现象，或者不接受进食块状食品的现象，其结果都可造成营养素吸收不足，长时间可影响婴幼儿的生长发育。

辅食的性状要与咀嚼能力相符

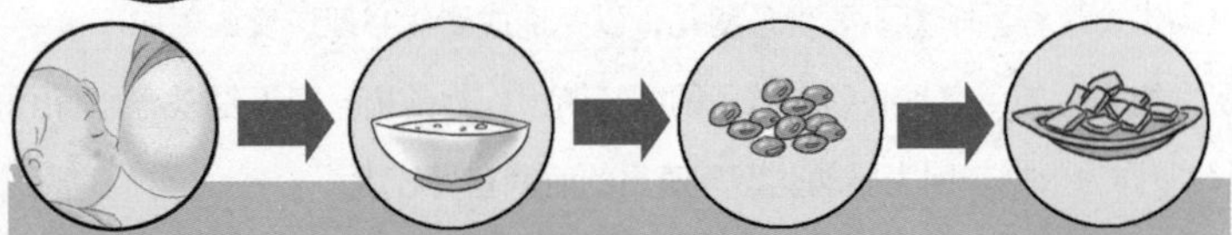

添加辅食后，婴儿的胃肠道需要逐渐成熟。从出生后初期的纯液体食物，逐渐过渡到泥糊状食物、粗粒食物、小块状食物。

注意肠道功能

食物性状的逐渐过渡，与年龄、胃肠道功能有关，家长要根据孩子自身胃肠道情况循序渐进调整食物的性状。

还与牙齿发育情况和咀嚼能力有关，如果婴儿大便中可以见到原始食物的迹象，此时孩子的食物还应为泥糊状。磨牙萌出后才可喂块状食物。

固体食物要在10个月之前引入

在婴儿的饮食中添加块状固体食物有一个关键的窗口期，如果10个月后才开始引入，通常会使辅食添加变得更困难，尤其是对于那些在1岁以内仅喂食流食的婴儿。

辅食要粗细搭配，循序添加

辅食添加训练进行几个月以后，家长基本就能找到适合孩子的食谱了，但总会感觉这份食谱略显清淡单薄。想给孩子把这份菜单丰富起来，又担心会出现过敏或不耐受等不适情况。那么，什么是合适孩子吃的食物呢？

在孩子逐渐适应了各种食物以后，就要注意食物的粗细搭配了。这里的粗细搭配不单指粗粮与细粮的合理搭配，还包括对食物加工形态的选择。

辅食添加的原则是由少到多、由细到粗、由稀到稠、由单一到混合。建议从婴儿营养米粉加起，逐渐加入菜泥、肉泥、蛋黄等。建议8个月再添加蛋黄，1岁后再加鲜牛奶及其制品、带壳的海鲜、花生及其他干果。目的是为了减少过敏的发生。1岁之内不建议在食物中加入食盐和食糖。每种新食物的添加都要观察满3天，了解婴儿对食物的接受度，包括是否有过敏发生。

食物性状与接受度密切相关。对于没有过敏的婴幼儿来说，没有不能接受的食物，只有不能接受的性状。

家长在添加辅食时，要记住以下几条：

1. 禁食的食物种类：1岁以内的婴儿食物不应包括鲜牛奶及其制品、大豆及其制品、鸡蛋清、带壳的海鲜，也包括含这些成分的食品，如含鸡蛋的蛋糕。

2. 食物性状。磨牙（大牙）尚未长出前，应以泥糊状食品为主。

3. 不同的孩子因其体质特征，有其应该禁食的食物种类，要根据接受（过敏、腹泻、便秘等）情况确定食物种类，不要和别的孩子相比较。

4. 1.5岁以内，奶是孩子的主食，不要喧宾夺主。

5. 1岁以内婴儿的食物中不应主动添加食盐、食糖等调味品。

给孩子进食要注意的食物种类

有一些种类的食物并不是不可以给孩子食用，但是需要注意添加的方式方法，在此为家长朋友们总结如下：

添加荤食在米粉、果蔬泥之后

荤食代表的是富含蛋白质的食物，理论上给满 6 个月的孩子就可以添加，但是要有几个前提：孩子对米粉或者其他简单的辅食是否已经接受，荤类食物的加工性状是否为泥状，孩子接受荤食后是否会出现过敏等表现。如果没有上述问题，家长一定要遵循由少到多、由简单到复杂的规律，逐渐添加。

尽量不吃罐装食品

任何罐装的泥糊状食品都不如自己家现做的新鲜。虽然很难确定其中是否含防腐剂或添加剂，但是毕竟新鲜度不如现制的婴儿食品。家长应该自己给孩子做辅食，除非有些自己不能做，比如营养米粉等。

吃干果时要注意方式

杏仁有降气、止咳、平喘、润肠通便的功效；松子含有丰富的维生素 A 和维生素 E 以及人体必需的脂肪酸、油酸、亚油酸和亚麻酸，还含有其他植物所没有的皮诺敛酸；榛子含有不饱和脂肪酸，并富含磷、铁、钾等矿物质；我们经常可以看到的葵花子、南瓜子和西瓜子等瓜子也不错。这几种干果的营养都比较独特，适合孩子吃，但要注意方式。1 岁以下孩子不要吃花生、榛子等

给婴幼儿喂辅食时大人是否应该用语言诱导进食？

喂饭时，大人的语言不会起到鼓励的作用，反倒容易诱导孩子分心，特别是边吃饭边玩时，容易让孩子形成“吃＋玩＋说话＝吃饭”的概念。

这样不利于孩子安静进食。建议家长给孩子喂饭时自己口中咀嚼一些食物，哪怕是口香糖，都会诱导婴幼儿专心进食。

给孩子喂饭时最不应该的就是边喂饭边说话。很多大人以为小婴儿能很好地理解大人的话，所以在给孩子喂饭时嘴里不停地夸孩子等，其实会导致孩子养成边吃饭边说话的坏毛病。

如果大人在给孩子喂饭时自己嘴里也咀嚼食物，反而会增加孩子对进食的兴趣，利于养成专心进食的习惯。

干果，目的是为了预防过敏；3 岁之内可以接受研碎的干果，这样既可获得干果的营养，又不存在气管吸入异物的风险。特别要提醒家长的是，在孩子咀嚼干果时，不要让孩子情绪波动，以免呛入气管发生危险。

1 岁之内禁食豆腐、果冻

1 岁之内的孩子还没出磨牙，对食物性状要求比较高。豆腐、果冻等食物看似非常软，但韧性较大。若孩子吞咽不好，这些食物很可能如同胶布一样黏附于喉部，造成窒息。临床中我们也多次遇到过因喂食豆腐、果冻造成孩子窒息的例子。

对于 1 岁以内的婴儿，豆腐的营养没有特别之处，并不一定非要食用。

如何促进孩子进食?

绿碗+红勺

使用颜色鲜艳的碗和勺，一是方便辅食摄入，二是为了迎合孩子发育的需求。利用碗和勺的喂养会很好地训练孩子的集中能力。

进食前诱导

喂养前大人要先吃饭，以此来诱导孩子的食欲。

一边进食，一边看电视、玩玩具

分散注意力，对消化不利。

大人喋喋不休

大人说话会使孩子将兴趣转移到和家长的沟通上，导致吃饭不专心，使进食效果大打折扣。

咀嚼口香糖

大人嚼口香糖能够引诱孩子咀嚼。

强迫孩子进食

强迫进食容易使孩子产生抵触情绪，尊重孩子对食物量的选择有利于喂养。

构筑孩子合理的饮食结构

在给孩子添加辅食时，家长还要注意逐渐增加进食种类，此处家长更要关注的是食物的结构，而不单单是品种。孩子每次进食都要合理搭配，不要集中在一两类食物，而要组合富含蛋白质（肉类、鸡蛋）、脂肪（奶类）、碳水化合物（粮食）、维生素（蔬菜、水果）的食物。另外，不同的月龄，食物的结构组成也不同，整体上趋于复杂，家长要根据孩子所处的阶段适当调整。

4～6个月：以母乳或婴儿配方粉为主食，逐渐尝试添加辅食，辅食种类和数量要少，性状要细。

7个月～1岁：以母乳或婴儿配方粉为主食，添加辅食后不主动减少奶量；辅食中首先要考虑碳水化合物的摄入量——包括婴儿营养米粉、稠粥或稠烂面条，在此基础上添加蔬菜、肉泥和（或）鸡蛋黄。由于蔬菜、水果中含能量极少，所以碳水化合物食物是辅食中的“主食”，至少应占每次喂养量的一半。辅食的性状可逐渐由细变粗，种类逐渐增多，数量逐渐增加。

1～1.5岁：辅食与奶制品可以达到1:1的关系。辅食中食物结构配比同“7个月～1岁”。食品选择得当，进食正常，就无需依赖营养品或补剂。

1.5岁以后：食物种类与成人食物相似，但味道相对清淡，性状相对软和细。直到3岁才可真正与大人一同分享食物。

孩子的饮食结构在过渡到成人的饮食之前，伴随着身体的发育，需要定期进行调整，以免出现营养不良。只要家长把握好以上几项原则，在均衡饮食（母乳、婴儿配方粉、婴儿营养米粉）的基础上丰富饮食即可，没有必要再额外添加营养品了。

辅食添加效果的判断：

1. 神经系统发育

进食行为训练

2. 过敏的预防

预防湿疹、荨麻疹、腹泻或便秘等

3. 心血管疾病预防

1岁之内不主动在辅食内添加盐

4. 代谢疾患预防

均衡营养，预防肥胖及生长发育迟缓等问题

5. 味道和食物偏好引导

不在辅食中添加糖、水果等甜味食品，

让孩子口味逐渐接近家庭饮食习惯

6. 龋齿预防

养成每餐后喝一两口白开水的习惯

如何判断辅食添加的效果

家长们在给孩子添加了辅食以后，多会去关注孩子每餐吃了多少，与同龄孩子相比较身体及智力的发育是否有差距，而对更应该关注的辅食添加以后的效果却忽略了。添加辅食的目的之一是让孩子更好地成长，使孩子的饮食结构逐渐接近成人。虽然这个过程至少需要 1～2 年的时间，但从辅食添加开始就要有所考虑。

“吃饱”只是喂养的目的之一，“吃好”才是最重要的。评价喂养效果的所有标准中，孩子的生长情况是最重要的一项，可以用“生长曲线”来判断。利用生长曲线连续观察身高、体重等生长指标，了解生长变化过程。但如果孩子的生长正常，就不要被一些简单“指标”——大便颜色和次数、出汗多少、比其他孩子瘦、没有某些孩子胃口大等无比较意义的指标所干扰。

此外，辅食添加效果的评判，还应包括神经系统发育（进食行为训练）、过敏的预防（湿疹、荨麻疹、腹泻或便秘等）、心血管疾病预防（1 岁之内不主动在辅食内添加食盐）、代谢疾患预防（肥胖、生长发育迟缓）、味道和食物偏好引导（不在辅食内添加糖、水果等甜味食品，让孩子口味逐渐接近家庭饮食习惯）、龋齿预防（每餐后喝一两口白水）。并不是简单地照本宣科就能达到良好的喂养效果。没有一个食谱或食量标准适合于所有的孩子。我个人认为，以科学研究和先人经验为蓝本，以婴幼儿自身生长和身体状况为基础，以婴幼儿对喂养的接受状况为选择条件，以喂养效果为调整因子的喂养方式才是科学的喂养。

养成良好进食习惯家长应该做到：

1. 孩子进食的时间安排在大人吃饭时或饭后。看到大人吃饭，可以增加孩子进食的食欲。

2. 大人可从孩子的碗内取点食物吃。孩子希望有参与的进食，不喜欢吃“独食”。

3. 给孩子喂饭时，如大人没有进食，可以嚼口香糖，咀嚼的动作能诱导孩子顺利进食。

4. 给孩子喂辅食时大人不需用语言诱导，大人总说话容易使孩子分心，易形成“吃＋玩＋说话＝吃饭”的概念。

5. 不要过早让孩子品尝大人的食物，这样容易使孩子的味觉过早发育，影响孩子对辅食的接受度。

6. 孩子吃食时不要用玩具、看动画片等作为诱导，分散注意力，对消化不利。

7. 如果其他家人没有同时进食，就要远离孩子进食场所避免干扰孩子进食。

8. 每次喂饭要控制在30分钟之内，没吃完也要结束，避免孩子产生厌恶情绪。

从小培养良好的饮食习惯

好的习惯必须从小抓起。合理的饮食结构和良好的饮食习惯是孩子身体健康成长的保证。一般应做到以下几点：

1. 舒适的进餐环境：进餐的环境要安静、卫生，餐前要洗手。大人不要在进餐时训斥孩子，保持孩子心情愉快。切忌边吃边玩。

2. 食物种类多样：食物应注意粗细搭配，粮食类(包括粗粮、细粮)、豆类、肉蛋类、鱼类、蔬菜、水果、油、糖等各种食物都要吃。

3. 定时定量：每顿饭的量要合适，早餐、午餐、午点、晚餐之间的比例以20%～25%、35%、10%、30%～35%为宜。教孩子细嚼慢咽，不暴饮暴食。

4. 调味料尽量少：盐分会影响血压、增加肾脏的负荷，而糖分过多则会引发龋齿，应尽量少吃。

营养学专家建议

对胃口不好的孩子，有专家建议可考虑适当补充一些复合维生素B等药物，它可有效促进肠胃道消化功能，增进食欲。

挑食偏食也会造成营养素摄入不均衡，有时额外地补充多种维生素也是非常必要的，但仅是下策。

小小维B，大作用

除了增进食欲之外，B族维生素还可以帮助辅助治疗口腔溃疡、口角炎、

让孩子有"饥饿"的感觉

如果孩子不能安静进食，只有通过玩耍等诱导或哄骗才能吃饭，说明喂养方式出现问题，根源在大人。大人定下了进食总量，一旦孩子没有完成，就利用哄骗手段，逐渐养成进食时不安静的状况。

家长应该尊重孩子，一次吃得不够，下次自然会多吃，不要强迫。除了孩子本身饥饿时，大多数时候需要家长诱导孩子饥饿。

定时进食，有助于使孩子自然产生饥饿感；在孩子面前大人先进食或与孩子共同进食，是有意诱导饥饿。

"饥饿"是诱导孩子专心进食的前提，可以通过"饥饿"疗法改善。

促进毛发营养等。最新研究证明，B 族维生素还有一个非常重要的功能 ——滋养脑部神经。B 族维生素作为合成神经递质的辅酶成分，可滋养神经、加强脑神经信息传递，从而有效促进儿童智力发育，提高儿童的学习能力。研究证明，B 族维生素能促进神经生长和再生，显著提高神经细胞和神经节的活力，具有保护神经的作用。其中：

维生素 B_1 可提高儿童的视力、记忆力和智力。

维生素 B_2 参与细胞的生长代谢，是肌体组织代谢和修复的必需营养素，促进生长发育。同时保护皮肤毛囊黏膜及皮脂腺的功能。

维生素 B_3（烟酰胺）是烟酸在体内的活性形式，可帮助提高儿童的注意力，同时帮助预防腹泻和皮炎。

维生素 B_6 可影响学习记忆能力，缺乏可能会引起学习记忆功能降低。

维生素 B_{12} 的缺乏，会令行为和语言发育有所迟钝。严重的可出现学习成绩差，个性改变，呆滞、抑郁等精神症状。

所以，进食蔬菜极为重要，特别是应该保证绿叶菜的摄入。补充维生素 B 或多种维生素制剂不是良策，因制剂中可能含有添加剂等额外成分。

避免维生素的流失需注意

1. 清洗各类原料，均应用冷水，清洗时间要短，不能浸泡或长时间搓洗。

2. 要遵守先洗后切的原则，先切后洗会使水溶性维生素和矿物质损失。整根绿叶菜在沸水中焯后再剁碎。胡萝卜应过少许油后再蒸熟。

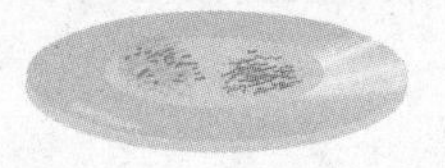

3. 在饭菜质量要求允许的情况下，原料尽量切得细小一些，以缩短加热时间，有利于营养素的保存。

4. 原料尽量做到现切现炒、现做现吃，避免较长时间的保温或多次加热，可减少维生素的氧化损失。

5. 在焯菜、做面食时尽量不加碱或碱性物料，这样可避免维生素、蛋白质及矿物质的大量损失。如果在面条、粥中加入青菜，应在基本做熟后，加入焯后并剁碎的蔬菜。加入蔬菜后尽快出锅，以免青菜内营养损失。

6. 鲜嫩原料提倡旺火快速烹调，缩短原料在锅中停留的时间，这样能有效地减少营养素受热被破坏。

合理烹调，留住营养

优秀的烹调大师，不光指烧的菜色、香、味俱佳，更重要的一点还要最大程度上保留住食物的营养。稍不注意，中国传统的烹调方式就有可能会破坏食材中的各种维生素。为了给孩子提供充足的成长动力，妈妈们需要尽量注意掌握正确的烹调方法：

怎样合理烹调

1. 米、面等主食的合理烹调

淘米时，随着淘米次数、浸泡时间的增加，米、面中的水溶性维生素和无机盐容易受到损失。做泡饭时，可使大量维生素、无机盐、碳水化合物甚至蛋白质溶于米汤中，如丢弃米汤不吃，就会造成损失。熬粥、蒸馒头加碱，会使维生素 B_1 和维生素 C 受破坏。很多油炸食品，比如炸薯条等，经过高温油炸，营养成分基本已损失殆尽。总之，在制作米、面食品时，以蒸、烙较好，不宜用水煮或用油炸，以减少营养素的损失。

2. 蔬菜的合理烹调

蔬菜含有丰富的水溶性 B 族维生素、维生素 C 和无机盐，如烹调加工方式不当，很容易被破坏而损失。比如，把嫩黄瓜切成薄片凉拌，放置 2 小时，维生素损失 33%～35%；放置 3 小时，损失 41%～49%。炒青菜时若加水过多，大量的维生素溶于水里，维生素也会随之丢失。包馄饨时，我们总是把青菜先煮一下，挤出菜汁后再拿来拌馅儿，维生素和无机盐的损失则更为严重。将整

孩子的食品安全应该值得特别关注，但不是所有东西都有儿童专用品。比如，食用油、酱油、奶酪等食品，原始制作过程中就没有儿童专用的制作方法。
儿童食品安全
如果有儿童专用食品，就意味着是再加工食品。其实，再加工食品的安全性值得商榷。只要给孩子选择适量的常规食品就可以了。

根绿叶菜放入水中焯，不要事先切碎，否则会造成蔬菜中的维生素流失。做熟的青菜不要放置过久，以免亚硝酸盐的形成。胡萝卜含有大量的β-胡萝卜素。但它们只存在于细胞壁中，必须经过切碎、煮熟及咀嚼等方式，才能加以利用。另外，β-胡萝卜素是一种脂溶性物质，因此生吃或者烧汤都不能加以吸收。胡萝卜泥的制作方法是将大块胡萝卜用少许油煸炒一下，放入锅中蒸熟，再捣碎喂给孩子。

3. 肉类的合理烹调

由于婴儿磨牙少，咀嚼能力较弱，对于肉类只能加工成泥糊状。将肉泥与米粉、米粥或面条混合，再加上一些蔬菜泥，更能体现出营养价值。

营养学专家建议

当孩子咀嚼能力增强后，可选用橄榄油煸炒绿色蔬菜，β-胡萝卜素的吸收量是蒸着吃的5倍。而β-胡萝卜素对儿童的视力有保护作用。尽量用铁锅烹调番茄等酸性食物，它能使活性铁的吸收量超过2000%。炖汤的时候滴几滴醋，能更好地溶解骨头里的钙质，从而使汤品的含钙量增加64%。

从小开始 预防肥胖

近8成的儿童期及青春期肥胖会发展为成人肥胖。

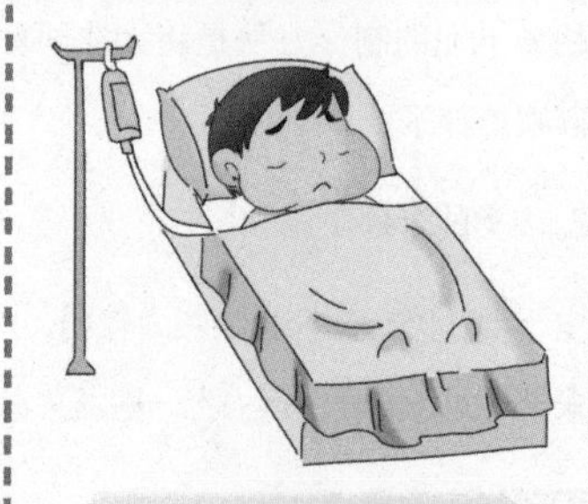

而成人肥胖则易于引发一些慢性病。

包括第Ⅱ型糖尿病、心血管疾病、高血压、中风及癌症等，医疗花费相当高。

儿童期肥胖是成人健康的杀手，家长要依据婴幼儿、儿童生长曲线纵向了解孩子的生长速度，不要与其他同龄孩子横向比较。

从婴儿期开始预防肥胖

婴儿出生后头几个月内，体重的迅速增加可能会影响到日后罹患其他非传染性疾病的风险，这些疾病包括高血压、肥胖、非胰岛素依赖型糖尿病或冠心病等。但这种影响在生命早期却不会显现。

现在，儿童肥胖人数正在逐年增加。2 岁之内的婴幼儿出现肥胖的迹象，往往是身高、体重同步增长，表现出比同龄儿童“大”。

蛋白质摄入过多是引起肥胖的主要原因之一。蛋白质过多会刺激体内胰岛素和胰岛素样生长因子 -1 分泌增多，早期促进婴幼儿身高、体重同时过度增长，同时也刺激了脂肪细胞分化过度，形成成人肥胖的基础。从食物中摄取优质蛋白质，就能满足身体的需要，不要轻易给孩子“补”蛋白粉，保证每餐中蛋白质食物即可，鸡蛋、肉等不要超过每次进餐量的 1/4。

要在婴儿期增加富含纤维素食物的摄入量，母乳即是富含纤维素（低聚糖）的食物，同时适当提供富含蛋白质的食物。千万不要认为含蛋白质的食物吃得越多越利于婴幼儿的生长。蛋白质摄入适宜，可以预防儿童及成人期肥胖。

婴儿期添加辅食的类型不仅影响孩子当时的营养状况，还可能影响日后对食物的喜好。早期将多种食物混合在一起，利于孩子对食物味道的接受。如果在早期将不同食物分别喂养，可能会导致婴儿对不同味道的食物产生选择性，易出现以后的偏食现象。

肥胖不仅与进食多有关，还与运动量小有关。家长要注意督促孩子多运动。对婴儿来说，鼓励孩子在清醒状态下多趴着，趴着和爬行不仅增加运动量，而且也利于神经系统发育。另外，外出时要尽可能多地进行户外运动。

鸡蛋黄不适合做宝宝的第一口辅食，婴儿营养米粉才适合。
婴儿米粉

2 家长容易进入的辅食添加误区

常见的辅食添加误区

婴儿营养米粉 PK 鸡蛋黄

	婴儿营养米粉	鸡蛋黄
过敏的可能性	极低	较高
营养成分	比较全面	比较单一
接受程度	接近母乳或配方粉，更容易接受	不易接受
未来偏食的几率	小	大
消化吸收程度	更容易消化	难消化，不易吸收
不耐受可能性	小	大

（注：以上对比只针对把这两种食物都当作第一口辅食时的情况。）

把鸡蛋黄作为孩子的第一种辅食

一直以来，人们已经习惯了把鸡蛋黄当做孩子要尝试的第一种辅食，这与当时的食品供应状况和食品加工水平有关。鸡蛋在婴幼儿生长发育过程中确实有重要作用，但把鸡蛋作为目前孩子的第一辅食，实在是家长们走入了误区。事实上，过早给孩子添加鸡蛋黄是非常不妥的。

研究表明，鸡蛋黄的营养成分算不上是均衡的，而且很容易引起孩子过敏。4～6 个月的宝宝肠胃还很虚弱，摄入鸡蛋黄也容易引起消化不良，继而影响到宝宝的发育。对于进食及发育均良好的孩子来说，家长可以将添加鸡蛋黄的时间推迟到 8 个月以后，而鸡蛋清要等到 1 岁后才能添加；对于明确蛋黄过敏（食物回避 + 激发试验阳性）的婴幼儿，停止食用鸡蛋黄至少 6 个月后才能再次添加。对牛奶蛋白过敏的孩子，更要严格地将添加鸡蛋黄的时间控制在 8 个月以后，这样可减少过敏发生的可能性。

另外，孩子在 8 个月到 1 岁之前，家长要给孩子吃煮鸡蛋的蛋黄，煮熟的鸡蛋黄比较容易被消化吸收；满 1 岁以后，就可以给孩子喂食由全蛋烹制成的鸡蛋羹了。

有人说给宝宝添辅食，
鹌鹑蛋黄比鸡蛋黄好。
您说对吗？
从营养学角度上讲，鹌鹑
蛋比鸡蛋没有明显优势。
只是很多家长认为孩子小，
一次不能吃一个鸡蛋黄，
用鹌鹑蛋相对方便而已。
明白了。

辅食仅给孩子吃鸡蛋

我经常会遇到家长们询问："我给孩子喂得并不少啊，几乎每天都喂一个鸡蛋（鸡蛋黄），但是孩子的体重增长为什么这么缓慢？"有这种情况的家长可能都走进了一个误区，即一餐辅食仅吃一个鸡蛋羹或蛋黄，这样肯定是不合理的。家长要将孩子的饮食合理搭配，鸡蛋羹（蛋黄）内混合上蔬菜、米粉或米粥，这样营养搭配的效果相对要好很多。

也有的家长考虑到孩子曾经对鸡蛋黄过敏，担心孩子营养不如别的孩子好，所以在孩子能吃鸡蛋黄以后，每天给孩子补充两个鸡蛋黄。这样做也是不妥的，如果只添加两个鸡蛋黄而没有碳水化合物的摄入，会造成营养不均衡，人体会将部分蛋白质转化成能量，这既削弱蛋白质的营养价值，也增加了人体肝肾负担；将鸡蛋黄或鸡蛋羹这种富含蛋白质的食物与富含碳水化合物的米粉、粥、面条混合，同时加入青菜等，更利于人体对蛋白质的吸收利用。另外，在形式上，煮熟的鸡蛋黄要比蒸鸡蛋羹更容易吸收，家长可以根据孩子的具体情况权衡一下，选择更适合孩子进食的烹调鸡蛋的方案。

总之，鸡蛋虽然富含蛋白质，但并不能包含所有的营养素，家长要将孩子的饮食合理搭配，喂养的效果才会更好。

哈，小馋猫，馋妈妈的饭啦？

来，妈妈给你沾一点菜汤舔舔。

好啦，吃你自己的饭饭吧。

怎么搞的？你怎么连自己的饭饭都不爱吃啦？

让孩子过早接触成人食物

经常会有家长向我抱怨，开始吃辅食不久的孩子不愿意吃辅食，每次吃两口就哭。仔细询问得知，大人吃饭时，经常给孩子喂些大人的食物，孩子都非常喜欢吃。问题很明显了，孩子不喜欢吃辅食的原因，是因为接受了大人味道较重的食物后，对清淡的辅食产生了抗拒。这也是辅食喂养中家长们经常会走入的“误区”。

辅食味道较清淡，加上婴幼儿味觉本身还不够敏感，接受辅食原本应没有问题。但是，一旦给孩子尝过大人的食物，哪怕只是一点点，都可能刺激婴幼儿味觉的过早发育。一旦孩子喜欢上大人食物的味道，又让他必须接受婴幼儿辅食时，就会出现辅食喂养困难。

所以，家长要让孩子仅接受他自己应该进食的食物，不要受到成人食物的干扰，以免婴儿味觉过早发育，出现喂养困难。

大夫，我宝宝11个月大了，总不好好吃饭。

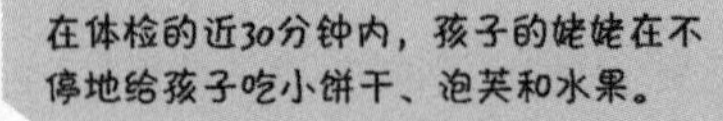

在体检的近30分钟内，孩子的姥姥在不停地给孩子吃小饼干、泡芙和水果。

孩子不好好吃饭，再不吃些零食，营养肯定不够。

1. 频繁吃零食，看似进食量不少，但胃肠功能未达正常功能状况，对营养素的吸收率会降低。

2. 这种进食习惯不好。良好的进食习惯不仅可以保证进食数量，还可保证正常消化吸收功能，从而保证营养素的消化、吸收和利用。

3. 相比较来说，进食食物的方式比数量重要，进食习惯是保证营养摄入的关键。

给孩子吃很多零食以弥补不好好吃饭导致的进食不足

孩子吃饭不好，体重增长缓慢，于是好多家长利用一切机会给孩子多吃零食，以弥补孩子的进食不足。

多吃零食看似可增加营养素的摄入，但是家长有没有考虑到，不同的进食方式能否达到同样的效果呢？

人体的消化吸收功能受到进食种类、数量、胃肠内消化液和酶的浓度、胃肠蠕动等多方面影响，不是单单由每日进食总量决定营养素是否充足。进食方式比进食总量更为重要。

建立良好的进食习惯，保证胃肠功能旺盛，营养素吸收效果才好，进食后效果才能充分体现，孩子生长才能得到很好的保障。因为孩子不好好吃饭所以给孩子多吃零食，多吃零食又会进一步导致孩子不好好吃饭，形成恶性循环。

9个月宝宝接受母乳喂养+辅食。从6个月加辅食起，体重增长缓慢。一天三次辅食，每次一小碗，接受度很好。每次辅食至少两种菜、外加两次水果。每天还要三次母乳喂养（早上、晚间和半夜）。辅食如此丰富，为何孩子体重增长缓慢？是否与母乳营养不够有关？
给6个月以后的婴儿添加辅食，首先应考虑碳水化合物的摄入量——包括婴儿营养米粉、稠粥或稠烂面条。在此基础上，添加蔬菜、鸡蛋黄或肉泥。蔬菜、水果含极少的能量。碳水化合物食物是辅食中的主食，至少应占每次喂养量的一半。若摄入不足，就会影响体重增长，不要归结于母乳喂养不够。

让孩子多吃蔬菜少吃米粉

很多家长认为孩子即使少吃米粉，也不能少吃蔬菜和钙水，担心孩子缺维生素、缺钙。结果每餐中米粉只有 1～2 小勺，蔬菜至少占一半，另外还加了鸡蛋或肉。这样喂养看似孩子胃口好，进食多，可体重增长缓慢，喂养效果不好。原因是辅食中产生能量的成分不足，维生素和微量元素并不能提供能量。

婴儿饮食中最为重要的营养素是宏量营养素，即蛋白质、脂肪和碳水化合物，其中碳水化合物最易被婴儿吸收利用。一次进食中菜、肉占的比例过大，碳水化合物为主的主食过少，少于每次进食的一半，或者主食过稀，比如过稀的粥或面条，会导致碳水化合物摄入不足，以致能量不足，不利于婴儿体重增长。微量元素只有在宏量元素充足的基础上才能发挥应有的作用。

关注孩子的营养均衡比单独强调孩子多吃某种食物更重要。

崔医师，我家宝宝比隔壁孩子还大十几天，可是比人家瘦，还没有人家隔壁孩子胃口大！
不论是母乳、混合，还是配方粉喂养，再到以后辅食添加，评价喂养效果的第一工具是生长曲线。利用生长曲线连续观察身高、体重等生长指标，了解生长变化过程。若生长正常，不要被一些简单“指标”——大便颜色和次数、出汗多少、比其他孩子瘦、没有某些孩子胃口大等无比较意义的指标所干扰。
生长曲线

把别人家孩子的进食量当做自己孩子的进食标准

很多家长都喜欢拿自己家孩子和别家孩子比较，经常担心自己家孩子没别家孩子吃得多，没别家孩子长得大。

每个孩子出生时所在生长曲线的位置是不可选择的，孩子今后的生长应该以生长曲线作为比较的基础。早期生长过快并不意味着今后长大就是高个儿，反而可能意味着孩子今后出现肥胖的机会明显增加。孩子今后的身高与遗传有明显的相关性。

若孩子生长正常，家长就没有必要纠结孩子吃得少，吃得少说明孩子的进食量与生长匹配。若孩子生长缓慢，应考虑孩子胃口小是因为对食物接受度不好，比如味道、形状、过敏等，或是对喂养规律不适应，比如喂养过勤、打乱孩子的生活节奏等。仅与别家孩子比较，不能解决问题。只要孩子接受的营养均衡，按应有的轨迹生长就正常。

家长只需把握好以下几个关键期，就能保证孩子不会缺乏微量元素：

1. 母乳和配方粉喂养期间，母亲正常进食的情况下，每天给孩子服用400国际单位维生素D。

2. 无需补充钙和锌。母乳能够提供足够且高吸收率的钙和锌，所以无需补充钙和锌。

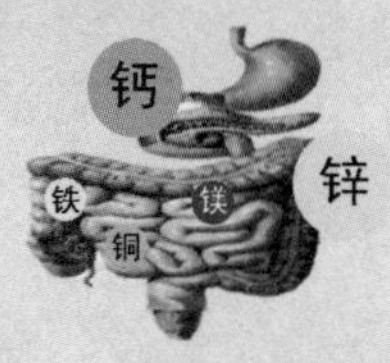

钙与锌、铁、铜、镁等肠道吸收途径相同。若刻意补充一种微量元素，会造成其他微量元素在肠道的吸收减少。所以才会出现补钙后，血液中锌或铁的水平会降低的现象。

3. 婴儿4～6个月后，添加富含铁的辅食。由于母亲怀孕期间通过胎盘给婴儿输送的铁只够婴儿消耗4～6个月，所以最早添加的婴儿辅食必须是富含铁的食品，如婴儿营养米粉、青菜、瘦肉等。

以上食物均含铁丰富，且血红素铁含量高，是膳食铁的最佳来源。新鲜绿叶蔬菜含铁量较高，且富含促进铁吸收的维生素C，也是不错的补铁食物。

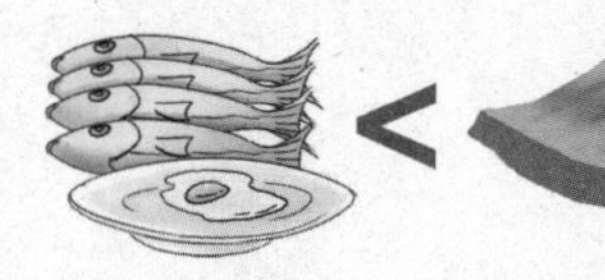

在此要提醒家长，鱼类、蛋类含铁总量及血红素铁均低于瘦肉。

过分迷信微量元素检测

现在好多家长希望通过微量元素检测评价儿童体内的营养状况，这同样是一个误区。

只有通过静脉取血检测的微量元素，才能反映血清含量，通过手指取血会有组织液混入，结果不能充分代表血液水平，而头发检测更是没有意义。即使是静脉取血获得的微量元素值，也只是血液水平，不代表相应的组织内含量。

很多家长都关心何时应该给孩子检测微量元素，因为家长担心孩子会缺什么，怕影响孩子的生长发育。其实，只要孩子生长发育正常，是没有任何必要检测微量元素的。如果生长发育过快或过慢，应该由保健医生评价进食状况和发育状况，寻找原因，及时调整。

孩子的生长发育主要依赖于蛋白质、脂肪、碳水化合物这些宏量元素，生长异常也不是微量元素缺乏所致。微量元素只有在宏量元素充足的基础上才能发挥应有的作用。所以，关注孩子的营养是否均衡，建议家长把喂养重点放在均衡营养上，放在宏量营养素（碳水化合物、脂肪和蛋白质）上。营养均衡比过多摄入微量元素重要得多。

“缺”和“补”总萦绕着家长。婴幼儿的健康成长不是通过补充微量营养素而获得的，正常均衡饮食下无需刻意补充微量元素。千万不要认为婴幼儿生后必然会“缺”什么，又必然应该“补”什么。放松心情，正常喂养，孩子会生长得非常健康。

给孩子补充钙、锌、维生素A+D、DHA、牛初乳，难道非要给孩子吃肉吗？
肉中的营养远远超过所补的补剂，千万不要认为补充剂能够超越食物所含的营养。
我女儿4岁，长期给她服用益生菌会不会有依赖？
长期服用益生菌没有问题，但是长期服用一种益生菌制剂可能会造成一定问题，因为益生菌制剂中含有一些添加剂，建议最好通过食疗来补充益生菌，比如酸奶等。

添加营养品代替正常食物

很多家长担心食品安全问题，所以尽可能晚给或少给婴幼儿添加一些食物，比如肉、鱼等，代之以补充剂来弥补；也有的家长被市场上的婴幼儿营养品或补剂所吸引，比如把孩子的成长依托于补“蛋白粉”“牛初乳”等营养品上；不少家长也会纠结于是否可给孩子添加国外购买的“洋”维生素和微量元素补充剂。

市场上的营养品和补充剂中不仅不能确定有效成分和含量，而且都含添加剂、防腐剂，选择的补充剂种类越多，添加剂和防腐剂也会随之倍增。虽然家长认为国外的产品在安全角度上有一定的优势，但说到补充营养，仍然是不必要的。

实际上，摄入营养的最佳途径应该是食物，食物中营养素含量和种类肯定比补充剂好。前文已经提到，不同阶段的孩子有自己的饮食结构。孩子每天需要的营养应来自丰富的饮食，根据孩子的年龄选择适宜的饮食种类和可接受的喂养量，均衡营养和正常进食才是生长的基础。所以，只要食品选择得当，进食正常，就没必要依赖营养品或补剂。

如果不给婴儿的食物中加盐，会不会导致孩子氯和钠摄入不足呢？

包括母乳在内的婴儿食品中都含有钠和氯，只因这两种元素不是以氯化钠的形式存在，所以没有咸味。婴儿配方粉、米粉等也是如此。

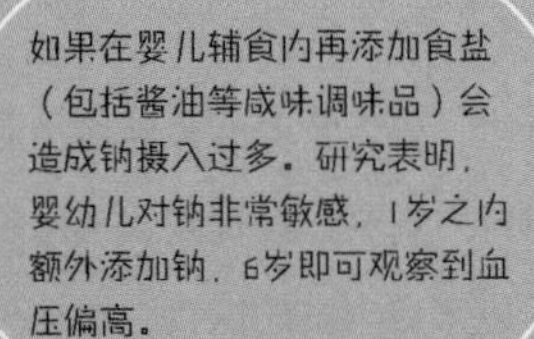
如果在婴儿辅食内再添加食盐（包括酱油等咸味调味品）会造成钠摄入过多。研究表明，婴幼儿对钠非常敏感，1岁之内额外添加钠，6岁即可观察到血压偏高。

另外，1岁以内，同样不宜添加糖和其他调味料，早期加糖会增加出现龋齿的风险。

给1岁以内婴儿的食物加盐

有些家长在喂养1岁以内的小婴儿时习惯加点盐，认为这样孩子更喜欢吃，还能补充钠和氯，其实这是不当的。

婴儿接受的母乳、配方粉、辅食中都含有钠和氯，只不过不是以氯化钠的形式存在，所以没有咸味。正常饮食中钠含量足够婴儿生长所需。婴儿肾功能不够成熟，钠摄入过量会引起肾脏潜移默化的改变，增加成人期高血压、心脏病等慢性疾病的发生。

另外，婴儿味觉比成人迟钝，对味道要求不高，因此辅食中，特别是肉泥、鱼泥等食物中，即使不加盐，孩子也很容易接受。家长不要依自己的味觉，决定婴儿食物味道。1岁以内的婴儿在家养成吃盐的习惯后，就很难再吃无盐食物，这个结果是家长的错误引导造成的，所以要从小让孩子养成低盐习惯。这个习惯不仅关系到孩子的健康，对成年后的饮食习惯影响也很大。

给孩子食物内加盐的合适时机是1岁以后，但如果1岁婴儿仍可接受较淡食物，没必要强行添加食盐。家长可在发现孩子对食物兴趣有所降低时再考虑添加少许食盐。很多家长会以1岁作为严格的分水岭，认为1岁后不额外加盐孩子就会缺钠，这是一种误解，孩子的饮食中钠的来源很多，不存在缺钠的问题。

宝宝，喝点妈妈给你做的煮水果水！

在煮沸过程中，水果中的维生素受到大量破坏，这种水除了大量糖分外没什么营养！

那煮菜水呢？

煮菜水还有安全问题，蔬菜表面的色素、化肥、农药会溶于水内，菜水中甚至含有重金属。这些都会危害到孩子身体的健康。

给孩子喝煮水果水或煮菜水

有些家长给孩子喝煮的水果水或菜水，我们可以体会到家长对孩子的一片爱心，但如果从营养角度分析，这种方法不科学。

水果和蔬菜富含维生素，煮沸过程中，大量维生素会受到破坏，大大降低了蔬菜和水果的营养价值。比如最常见的煮胡萝卜，煮过后，水溶性维生素（维生素 B 和维生素 C）几乎都被破坏，即使胡萝卜素在，没有过油的前提下也很难吸收，这种水除了色素和一些糖分外，没有什么营养。

从解渴饮料的角度来说，也不推荐给孩子喝果汁。因为无论是煮的果水、菜水还是榨的果汁，都有味道，过早饮用可改变孩子的味觉，一旦接受了这种味道，就会拒绝喝白水。习惯于喝果水、果汁的孩子出牙后，不能通过喝白水清洁口腔，对牙齿的保护不利。

此外，煮菜水还有安全问题，蔬菜表面的色素、化肥、农药会溶于水内，菜水中甚至含有重金属，这些都会危害到孩子身体的健康。

用配方粉给孩子冲米粉真不错，这样孩子既喝了奶，又吃了米粉。
奶粉冲米粉的浓度太高，这浓缩的营养物会增加婴儿的胃肠和代谢负担，导致接受不良，不利吸收。
米粉的包装盒上明明写着可以用配方粉冲调，这样不对吗？
婴儿营养米粉源自国外，米粉包装盒上的建议是直接翻译而来。中国人的食物味道喜好与西方人有着很大不同，简单模仿不一定最佳。

用奶、米汤、稀米粥等冲调米粉

给4～6个月之间的孩子初期添加营养米粉时，很多家长为了使孩子更喜欢米粉，会考虑用奶、米汤、稀米粥等冲调米粉，这样做是不妥的。原因如下：

1.奶粉冲米粉的浓度太高，这浓缩的营养物会增加婴儿的胃肠和代谢负担，导致接受不良，不利吸收。

2.若用冲调好的奶粉与冲调好的米粉混合，增加了辅食总容量和喂养时间。

3.初期米粉为辅食，逐渐会过渡到主食，味道也会逐渐接近成人食品。奶粉混入米粉，与成人食品味道差距大，不利于今后接受成人食物。

如果是为了使婴儿摄入更多奶而选择用奶冲米粉，这不是上策。家长更应该踏实地寻找奶摄入不足的原因，对症纠正。

同样不推荐用果汁冲调米粉。果汁的酸甜味不是孩子今后主食的味道，用果汁冲调的米粉喂养会使孩子对今后咸味食物的兴趣降低。

对于刚开始接受辅食的婴儿，最好先用温水调制米粉。这样利于小婴儿对米粉的接受。待孩子完全能够接受米粉后，才考虑将其他食物与米粉混合。随着婴儿对辅食的逐渐接受，家长可逐渐在米粉内混入菜泥、肉汤、肉泥、蛋黄等。

辅食添加的目的：婴儿营养+婴儿发育

把奶嘴的孔扩得粗些，给孩子喂米粉糊，孩子更容易接受，真是个好办法！

不建议用奶瓶喂辅食。奶瓶喂养是吸吮而吞咽的过程，而碗和勺喂养是通过卷舌、咀嚼然后吞咽的过程。开始添加辅食就要开始训练婴儿卷舌、咀嚼式吞咽，这样能更好地训练孩子的面部肌肉，为今后说话打好基础。用碗和勺喂养更能促进孩子的行为发育。

用奶瓶给孩子喂养辅食

刚开始添加辅食，很多家长不免疑惑，应该继续用奶瓶喂养呢，还是换用碗和勺子喂孩子呢？

给孩子添加辅食，不仅为了婴儿的营养，也能够促进婴儿的发育。有的家长在喂养辅食时仍旧选择奶瓶，这是不合适的。奶瓶喂养是通过吸吮而吞咽的过程，而碗勺喂养是通过卷舌、咀嚼然后吞咽的过程。开始辅食添加，就要开始训练婴儿的卷舌、咀嚼式吞咽，不仅为了营养，而且更是为了训练面部肌肉，为今后流利说话打好基础。用碗和勺的目的不仅在于进食方便，更主要的目的是促进孩子的行为发育。

使用勺子或杯子进行辅食喂养行为涉及几方面的变化：婴儿口腔运动的发育、接受新的食材和新的食物味道以及婴儿与抚养者之间的全新互动。很显然，喂养食物会使婴儿躯干、肩部和颈部肌肉的稳定性和强度更好，而且使婴儿可以坐起来并控制他自己的头部位置。这正好契合了辅食添加的目的，增加婴儿营养和促进婴儿发育。

营养学专家建议

● 通过摄入多种食物，获得均衡营养。

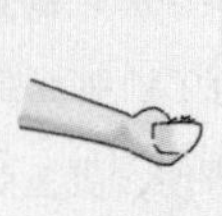

● 尽量避免偏食和挑食。

● 注意烹调过程中保有更多营养素，特别是维生素。

尽可能选用奶制品保证儿童钙的需求，如果选择鲜牛乳，应该是强化维生素D的类型。

● 如果孩子经常挑食、偏食，加之有些传统的烹调方式不当很容易流失营养，为了让孩子能获得均衡的营养，可以额外补充多种维生素。

3 小儿辅食添加过程中经常出现的问题

我的奶水是透明的，3个月前孩子母乳吃得很好，3个月后给他添加了辅食，孩子就开始拒绝吃母乳。别人说我的这种奶水没有营养，建议我干脆喂奶粉，我该放弃母乳喂养吗？

孩子抗拒母乳的原因，可能是孩子接受了一种自己觉得很好的味道，比如果汁的甜味等。家长有可能过早地给孩子添加了带味液体。“厌奶”与母乳的稀稠度和营养成分肯定没有关系，不要因此而放弃母乳。

“厌奶”与母乳的稀稠度和营养成分肯定没有关系，不要因此而放弃母乳。

添加辅食后孩子出现“厌奶”的迹象

孩子“厌奶”，多属于心理问题。

婴儿先天就喜欢甜味和咸味，排斥苦味和辣味。当孩子接受了一种自认为很好的味道，比如果汁、钙水、大人饭菜等，就会对味道平淡的配方粉甚至母乳失去兴趣。这也是我不赞成过早给孩子添加果汁、菜水、钙水等带味液体的原因。

想要纠正孩子的厌奶问题，首先要确定孩子喜欢何种味道，再用这种味道作为引子，使孩子逐渐恢复对奶的喜好。比如，喂配方粉前可在奶中兑上少许果汁，母乳喂养前在乳头涂上一些果汁，以提高孩子对进食的接受度，随后再逐渐减少，直至恢复正常。

建议家长们在给孩子添加辅食的时候，一定不要把辅食的味道弄得“特别好”，以免出现厌奶的现象。

孩子的辅食还要注意提供性状合适的食物

适合孩子的食物性状

孩子没有很好的咀嚼能力之前，应提供泥糊状食品。

否则孩子会直接吞食食物，不利于消化吸收。还有可能呛入气管，造成气管异物。

适合孩子的食物加工程度

不同加工方式可造成不同接受状况。如煮熟的鸡蛋黄要比蒸鸡蛋羹容易吸收。

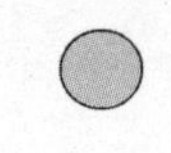

煮烂的肉泥要比搅拌机搅碎的肉泥容易吸收。

孩子大便中有较多原始食物

如果婴儿大便中可以见到原始食物的迹象，说明孩子消化功能尚未成熟，也说明给孩子提供的食物相对较粗。消化功能不仅包括胃肠功能状况，还包括咀嚼能力。如果婴儿还未萌发磨牙，即便已具有咀嚼动作，但不会有咀嚼效果。比如大便中可见颗粒状物质，说明对蔬菜消化得不好，但不要因此就停止进食蔬菜。家长可将蔬菜，特别是绿叶菜，在滚开的水中烫软，并用刀剁碎后继续给孩子喂食。

经过短期“锻炼”过程，孩子的胃肠道即可接受。婴儿胃肠道就是应该逐渐适应饮食的食物种类和性状。改变蔬菜性状继续进食几天后，情况就会逐渐好转。

家长可以通过性状较粗的食物来锻炼孩子的胃肠道功能，但锻炼期间性状较粗的食物不能成为食物的主流性状。比如米粉中可适当添加少许米粥，菜泥中可适当添加少许小块状蔬菜等。性状稍粗的食物添加过早，不太会影响吞咽，但会影响肠道对食物的吸收——就是便中可见颗粒状物质。

锻炼期间，家长要把握好度，性状较粗的食物比例过大，可能会影响孩子对营养素的吸收。

孩子6个月了，添加辅食后开始腹泻了，但是孩子现在用的奶粉品牌没有无乳糖配方的，能转其他牌子的无乳糖的奶粉吗？

腹泻期间如果转其他牌子的奶粉会不会更刺激肠胃呢？因为乳糖不耐受，腹泻期间能只吃辅食吗？

如果是母乳喂养的宝宝，可坚持母乳喂养，但不能因婴儿出现腹泻而过频地喂养母乳。

配方粉喂养的宝宝腹泻时，要及时更换为无乳糖配方，不要受品牌的制约，需坚持1～2周。

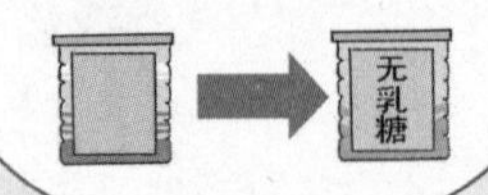

只进食辅食不能保证腹泻期间婴儿的营养。

添加辅食后孩子出现腹泻

给孩子添加辅食初期可能会出现耐受不好的现象，腹泻就是其中之一。遇到不耐受现象，若不严重，可以维持已添加量继续观察3天。若情况趋于好转，坚持到恢复正常后再加量和新食物；如果继续加重，要暂停辅食几天再试，类似情况再次发生，更换其他辅食。

腹泻除了可能会在辅食添加之初出现，也会在任何不当进食时出现。这些不当进食包括辅食量偏多、辅食性状偏粗、喂养时间不合理等，这种情况下，家长更应关注奶摄入的问题。如果是母乳喂养，可坚持，但不能因婴儿出现腹泻而过频地母乳喂养；若为配方粉或混合喂养，果断地将配方粉换成不含乳糖的特殊配方，可持续1～2周；已添加辅食的婴儿出现腹泻，无需完全停掉，可保持喂食米粉和菜泥，因为如果将辅食停掉势必增加奶的摄入。

此外，天气变凉时腹泻的可能性也会增加。遇有腹泻时，家长应尽快将孩子的大便标本置于塑料盒或保鲜膜内送到医院检查，及早确定原因，寻找有效治疗方法。

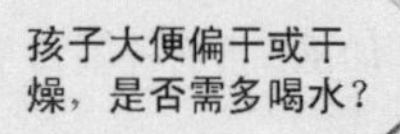
孩子大便偏干或干燥，是否需多喝水？

大便干燥说明大便中水分不足，但不能说明喝水不够。

喝下的水会在右侧结肠以上被肠道回吸收——多喝水只能多排尿。

大便中的水分是肠道中的细菌败解纤维素产生的短链脂肪酸所携带的水分，与喝水量关系不大。

添加辅食后孩子出现便秘

如果孩子大便干结、排便费力，那就是便秘了。便秘是婴幼儿较常见的问题，可以从保证肠道菌群正常和足够纤维素摄入两个方面来预防和治疗便秘。

便秘与肠道功能状况有关。肠道内的细菌，主要是双歧杆菌、乳酸杆菌，可败解食物中的纤维素，产生短链脂肪酸，同时伴有很多水分，从而导致大便变软。母乳喂养过程是营造以双歧杆菌为主的肠道菌群的最佳途径。此外，母乳中的低聚糖——可溶性纤维素，保证了婴儿肠道健康。过于干净，例如过多使用消毒剂，会减少环境中的细菌，不利于肠道菌群的建立和维护。

便秘也与纤维素的摄入有关。母乳中的低聚糖、配方粉等食物中的益生元、富含纤维素的蔬菜等都是膳食纤维的来源。给孩子添加辅食以后，如果食物加工过细、过精，好的方面是有利于营养的吸收，于生长有利；不利的方面是食物残渣少，使纤维素摄入不足，引起便秘。但也并不是说为了预防便秘，食物加工就应该粗糙，过粗易出现消化不良，导致腹泻。如果服用钙剂后出现便秘，这就说明钙质吸收不良。没有被吸收的钙，在肠道中与没有被吸收的脂肪形成“钙皂”。钙皂也是导致便秘的主要原因。钙质吸收不好，主要原因是食物中钙质已足，再服用钙剂就会导致钙皂的形成。正常喂养期间不需额外补充钙剂。

食物加工要适当。此外，注意青菜的供给，青菜也有利于肠道健康，预防便秘。

孩子近来手脚发黄，会不会是黄疸性肝炎？
孩子经常吃的食物有哪些？
孩子特别喜欢吃木瓜、胡萝卜、橙子，每天都吃很多。
你看，孩子的手脚心黄染程度明显高过身体其他部位。黄疸性肝炎会出现白眼球黄染及其他不适。进食橙子、木瓜、胡萝卜、南瓜过多时，可造成皮肤黄染，特别集中于手脚心。

辅食添加不合适导致皮肤发黄

临床上经常会见到孩子辅食添加不合适，导致的皮肤发黄现象。有这种症状的孩子体检显示手脚心明显发黄，全身皮肤发黄，但白眼球不发黄，进食和生长均无异常，肝功检测结果也全部正常。

经详细询问后发现，这些孩子的辅食有一个共同点，即孩子平时的辅食中几乎每顿都有胡萝卜、南瓜或红薯，这是典型的食物色素造成的皮肤发黄，虽然无害，但比较吓人。孩子只需减少或暂停食入这类食物，沉着于皮下的色素会逐渐被代谢掉，不会有后遗问题。

家长大都认为胡萝卜、南瓜、橙子、木瓜是非常有营养的食物，恨不得每顿都给孩子吃，但这些食物容易造成皮肤黄染，需要控制进食频率。其实，胡萝卜、南瓜、橙子等也只是蔬菜和水果中的几种而已，建议家长给孩子选择食物时还是尽量多样化，多种蔬菜水果交替食用。

婴儿体重增长缓慢的 3 个原因

1.婴儿饮食中最为重要的营养素是宏量营养素，即蛋白质、脂肪和碳水化合物。

宏量营养素
- 蛋白质
- 脂　肪
- 碳水化合物

对生长缓慢的婴儿首先应该考虑的是他宏量营养素的摄入是否充足，也就是进食不足，包括进食量绝对不足和相对不足。

进食不足
- 绝对不足
- 相对不足

进食量绝对不足指的是孩子进食量少，相对不足指的是食物能量密度低，如米粥稀、辅食中蔬菜比例太大或一次辅食只有鸡蛋黄或鸡蛋羹等营养不均衡情况。

绝对不足

相对不足

2.消化吸收不良，如大便内很多原始食物颗粒或排便量很多。

3.慢性疾病的异常消耗。

孩子添加辅食后体重增长缓慢

婴儿体重增长缓慢一般有三个原因，宏量营养素摄入不足、消化吸收不良以及慢性疾病的异常消耗。

1岁以内的婴儿应该以奶为主，保证奶量足够，满6个月婴儿开始接受辅食时，最好每天也要保证进食600ml以上奶量。给6个月以上的婴儿添加辅食，首先应该考虑碳水化合物的摄入量，包括婴儿营养米粉、稠粥或烂面条。碳水化合物是辅食中的主食，至少应该占到每次喂养量的一半，如果摄入不足就会影响体重增长。蔬菜、水果中含的能量极少，在保证碳水化合物摄入量的基础上，添加蔬菜、鸡蛋黄和肉泥。有的家长喜欢给孩子喂稀粥，稀粥所含的能量不足，每次进食如同水饱，建议家长在稠粥的基础上，混入菜泥、蛋黄、肉泥等。如果给婴儿选用米粉，也要调成稠糊状。米粥、米粉易被婴儿消化吸收，但一定要稠，如同烂饭一样，婴儿进食有限，太稀的辅食能量不足，会阻碍婴儿成长。

另外，1岁以内的婴儿没有磨牙，咀嚼效果有限，小的块状食物都是吞入胃内，消化吸收效果有限。所以，家长在给孩子添加辅食时，要根据孩子的咀嚼能力，注意食物的性状。还有的家长为了给孩子吃奶，夜里要摇醒孩子五六次，这样的喂养会影响孩子睡眠，导致消耗过多，同样会影响孩子的体重增长。

对儿童来说，不偏食、不挑食是保证营养的基础，儿童偏食可能有以下几个原因：

1. 从小把不同种类食物分开喂。不同食物味道不同。分开喂，就如同出选择题，诱导孩子选择。婴儿开始辅食时，若将米粉、粥、菜、肉泥等混合喂养，可减少挑食机会。

2. 大人本身挑食，只强调给孩子吃，不以身作则。

3. 出于营养角度，某些食物喂养过频。

4. 味道。初期的辅食应该清淡。米粉、菜泥都是清淡的食物。建议1岁之内不主动给孩子添加食盐和食糖。为了尽可能使辅食味道良好，可以将孩子能够接受的辅食混合后喂养。比如将米粉与菜泥混合。这样还可避免因多种味道食物分别刺激孩子而出现偏食或挑食现象。

孩子出现偏食应该如何纠正

随着孩子的逐渐长大和辅食种类的不断增加，不同味道的食物会给婴儿带来不同感受，容易出现对某些食物的偏好。虽然不能认为这种“偏好”是坏事，可往往会影响辅食的喂养。因此，为婴儿选择食物时，在口感上家长要稍加注意，不论给宝宝添加何种食物，添加时都要考虑味道，最好是从淡口味的食物开始，逐渐过渡到口味稍重的食物。这里的重口味并不是指添加的调味品过多，而是指食物原味的口味过重，如过甜、过酸等。比如给孩子添加水果时，初期最好选择不够甜和酸的水果，避免因为味道过重，出现厌奶和厌食。同样，过咸、过苦味道都会使孩子出现偏食。

如果孩子已经形成了偏食的习惯，家长应该想办法纠正。对偏食的孩子，将他们感兴趣的食物作为媒介是纠正的方法之一。比如，8 个月的孩子厌辅食和厌奶（包括直接母乳喂养），每天摄入量不足，睡眠不踏实，脾气暴躁，家长观察发现孩子最喜欢吃西瓜，那么就能以水果为媒介，提高孩子对辅食和奶的兴趣。可以在辅食内或配方粉中混入一些西瓜汁，或在母乳喂养前在乳头上涂点西瓜汁，这样就能提高孩子对进食的接受度，随后再逐渐减少，直至恢复正常。

厌食的多种原因

刚开始给5个月的儿子加辅食时，他每次吃都发脾气，还轻微呕吐，为什么？
对于刚开始添加辅食时就出现的不接受现象，应该立即停掉，等待1~2周后再添加，以避免从添加开始就可能出现的厌食。

有些母乳喂养的孩子对辅食不感兴趣，不能因为他不爱吃就放弃尝试，可以让妈妈之外的其他家人给孩子喂食。

如果孩子已很饿，就是不愿吃大人准备的食物，可能是对食物不耐受。

有些孩子只有迷迷糊糊时才喝奶，很可能就是牛奶蛋白不耐受的早期表现。

口腔出现溃疡等黏膜损伤或有其他不舒服状况，都可能导致厌食。

如何预防孩子偏食、挑食

从开始添加辅食起，家长就要随时预防孩子出现偏食、挑食、厌食的行为。要尽量杜绝以下几种行为：

1. 从小把不同种类食物分开喂。不同食物味道不同，分开喂，就如同给孩子出了选择题，诱导孩子进行选择。

2. 大人本身挑食，自己不吃的东西只强调孩子要吃，却不以身作则。

3. 从营养的角度，某些食物喂养过频。

在孩子一岁半之前，最好将各种食物混在一起给孩子喂。这样孩子就不会有挑食的现象，而且什么食物都接触过，挑食的情况就不多见。再者，孩子出现挑食情况时家长不要紧张，不要强迫他必须吃家长要让他吃的东西，稍微淡化一下，缓一段时间，然后再给他尝试，也许情况就会好转。此外，不同国家、民族、家庭都有各自的饮食文化，包括喜好的味道。孩子出生在这个环境中，就应逐渐接受家庭的食物喜好。中国家庭往往是以咸味食物为主，那么水果泥等甜味食物就可单独喂养，避免与米粉等混合，造成孩子对甜味主食的喜好。

孩子为何一见某种食物就躲？

对于一见某种食物就躲，或进食初期正常，但很快出现抗拒的孩子，首先应该考虑对某种食物的味道、性状不接受。经重新调整食物的味道及改变食物性状之后，仍然不能提高接受度的应考虑对食物过敏或不耐受的问题。

要孩子接受一种食物需要一个过程，研究表明，婴儿在反复接触水果泥与蔬菜泥之后，进食这些食物的数量在显著增加。有的家长因为孩子不愿意接受某种食物就轻易放弃了尝试，实际上，家长不应该把注意力放在孩子的面部表情上，而应该放在他吃的意愿上，不断让孩子多次尝试。

4 崔大夫门诊问答

孩子生病后进食、饮水肯定会减少。经常听到家长说，孩子近日吃饭不好，输点葡萄糖吧！血糖指的就是血中的葡萄糖，由胰腺分泌的胰岛素来控制它在血液中的水平。静脉输注或口服葡萄糖，若快速大量进入人体会加重胰腺和肾脏负担。若真需要输葡萄糖，须根据医嘱匀速输液，切不可快速完成。

崔大夫，孩子生病了，不爱吃饭，给他输点葡萄糖吧！

孩子生病后不爱吃饭怎么办

孩子生病后进食不佳是常见现象，可能与身体状况还未恢复有关，也可能与生病期间药物味道刺激有关。

现在孩子生病服用的药物多是甜味，短期多次服药，加上生病时为了让孩子多摄入水分，往往饮用果汁等味道较重液体。

待孩子疾病好转后，寻找原因，适当引导，比如用奶中加少许果汁等办法，就可逐渐引导孩子恢复正常饮食。

10个月的婴儿每日吃奶量仅300ml，但非常喜欢成人食物。为此，父母故意将配方奶调稠，以使孩子能喝相对多的奶。

这样做是不妥的！

1. 奶粉调稠，不仅不利于营养素吸收，反而会因渗透压增高，损伤婴儿肠道。

2. 10个月婴儿不应进食大人的食物。大人的食物味道相对重、性状相对粗，不利于婴儿生长。

孩子每天、每餐应该吃多少辅食

到底每次及每天应该给孩子吃多少辅食呢？这是所有家长都比较关心的问题。开始添加辅食时，要根据婴儿前几次进食的情况大概估算应该提供的辅食量。婴儿每次接受辅食的量不固定，可有 20% 的差异，每天的进食量也不固定。家长要认真对待每次的进食过程，最好定量喂养，但也不能绝对定量，只要孩子不吃，就应该停止喂养。

除了将孩子能接受的每餐辅食量与每天进食总量作为参考依据，还应该根据进食后的结果逐步调整喂养量，如是否干扰了奶的摄入，进食后是否出现了胃肠不适的表现，生长是否正常等。家长还应考虑每次辅食的组成，应以每次进食种类和性质来判断。还有些家长给孩子的辅食中突出菜和肉、蛋等蛋白质食物，而忽略米、面等碳水化合物的食物，多吃肉、菜不是不好，但不能挤掉米、面等食物。建议每次辅食中米、面等食物应至少占一半，菜、肉、蛋一起不可超过一半。

宝宝这么小，怎么会有口臭呢？
口臭多是胃食道反流所致，进入胃内的食物会与胃酸混合并被一定程度消化，同时味道变得发臭。呕吐是严重胃食道反流。常见情况是少许胃内物质反流后又被婴儿咽回胃内，但口腔内存留异味。
另外，咽喉部感染期间，也可能会产生口臭。对大些的孩子来说，患龋齿也会出现口臭。
闻到孩子有口臭，先找原因。
明白了！

宝宝这么小，怎么会有口臭呢

婴儿的口臭多是胃食道反流所致。因为进入胃内的食物会与胃酸混合并被一定程度消化，同时味道变得发臭。婴儿胃部开口处食道下端括约肌和贲门较松，当腹压增高时，已进入胃内的食物会从胃经食道返回口腔。呕吐是严重胃食道反流。常见情况是少许胃内物质反流后又被婴儿咽回胃内，但口腔内存留异味。所以有时可以观察到婴儿在无喂养状态下有吞咽动作。1 岁内的婴儿常见，多属发育中现象，无需治疗。若口臭明显，应考虑胃肠道消化问题，可能与进食不当有关。

另外，咽喉部感染期间，也可能会产生口臭。对大些的孩子来说，龋齿时都会出现口臭。

闻到孩子有口臭，先找原因。

牛奶是钙质最佳来源

牛奶是儿童最好的钙的来源，1ml牛奶里即含有1.2mg的钙，还含有大量优质蛋白质，能为儿童生长发育提供强大助力。

保证奶的摄入，就不缺钙

年龄	每日奶的进食量（ml）	
6个月～1岁	600～800	只要孩子能够保证奶的摄入量，就不用额外再补充钙质。
1～1.5岁	400～600	
大于1.5岁	≥500	

开始添加辅食后要不要给孩子补钙

无论对成人（包括孕妇、产妇），还是对发育中儿童而言，钙都是一种非常重要的营养素。对钙的需求不仅要考虑摄入量，而且更重要的是吸收率。人体对所有钙剂的吸收率极低，唯有饮食中的钙最易吸收。奶制品又是所有食品中含钙最高且钙吸收率最高的食物。保证适当奶摄入，才能保证人体能获取充足的钙。

对于母乳或配方粉加辅食喂养的婴儿，由于母乳、配方粉、米粉及婴儿其他辅食中所含的钙已能够满足婴幼儿生长发育，所以不需要考虑补钙的问题。

大一些的孩子或者成年人应该选择超市里低温杀菌的巴氏鲜牛奶，即瓶装牛奶和屋顶纸盒牛奶，超市里很多利乐砖、利乐枕包装的常温奶，虽保质时间较长，但因为经过超高温消毒，营养成分的含量会有所损失。

其实，家长们关注的“缺钙”实际上指的是佝偻病，它的全称为“维生素 D 缺乏性佝偻病”，而不是“缺钙性佝偻

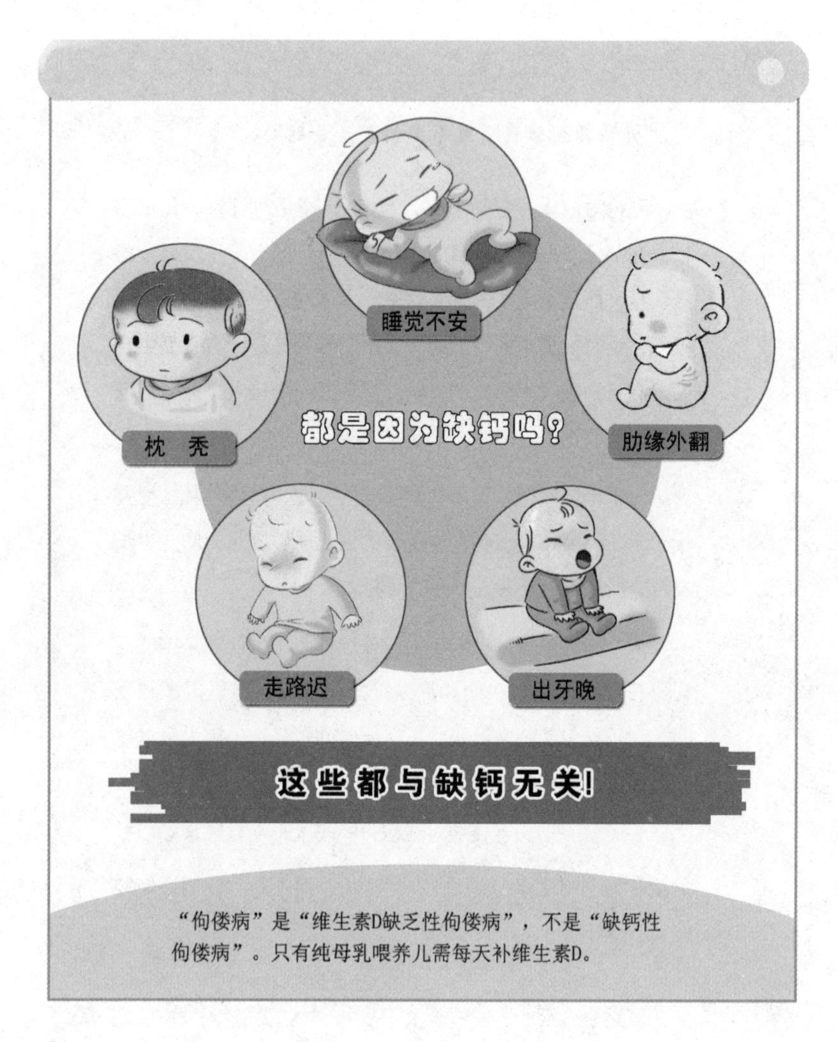
睡觉不安
枕 秃
都是因为缺钙吗？
肋缘外翻
走路迟
出牙晚
这些都与缺钙无关!
“佝偻病”是“维生素D缺乏性佝偻病”，不是“缺钙性佝偻病”。只有纯母乳喂养儿需每天补维生素D。

病”。维生素 D 属于激素类营养素，在人体内没有直接营养的作用，但它可促进骨骼对钙质的吸收。如果人体缺乏维生素 D，从食物中吸收入血的钙进入骨骼内的量只有 10%，这会导致骨骼发育不良，从而患上“软骨病”——佝偻病；而在补充维生素 D 的同时，钙的吸收率会增加到 60% ~ 75%。

所以，想要孩子更好地吸收牛奶中的钙，就一定不要忽略维生素 D。

宝宝11个月发育正常，母乳喂养+辅食，每天仍然坚持服维生素D，间断补过钙剂。为何检测出骨密度中度低下呢？难道孩子缺钙吗？需要加大补钙的剂量吗？

婴幼儿处于生长旺盛阶段，包括骨骼不断拉长。相对低下的骨密度才有可能使更多钙质不断进入骨骼，骨骼才可不断拉长。

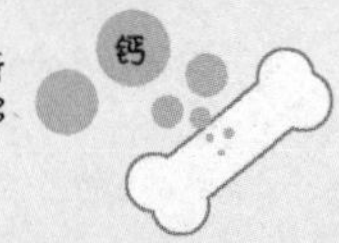

母乳、配方粉喂养、均衡婴幼儿辅食（如婴儿营养米粉）等都可提供充足钙质。母乳喂养婴儿应补维生素D，仅补钙不能获得预想效果。

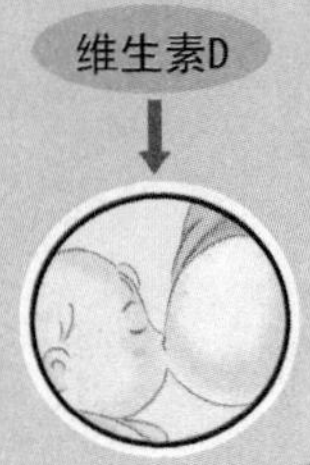

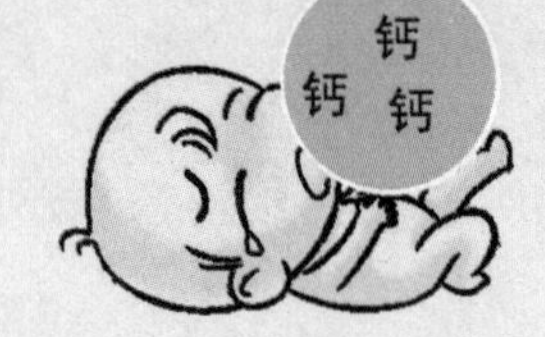

不是钙、维生素D补充越多，越利于婴儿生长发育，补充过量有可能引起婴儿便秘、肾结石，甚至颅骨间缝隙和前囟门过早闭合等。

孩子每天晒太阳，还要补充维生素D吗

有的家长很重视日光浴，会根据给孩子晒日光浴时间的长短，调整口服维生素D的摄入量。虽然阳光会促进维生素D的合成，但也不要因此神话阳光的这种作用，目前还没有数据显示光照时间与维生素D产生之间的关系，况且还有晒伤的风险。所以选择纯母乳喂养和混合喂养的婴儿，不要因晒太阳时间的长短，口服维生素D的量就有所增减。

纯母乳喂养和混合喂养婴儿，会因母乳中维生素D含量不足而导致缺乏维生素D，所以，要从婴儿出生后数日开始补充维生素D，每天口服110μg（400Iu）维生素D。何时停止，要根据喂养方式而定。如果婴儿接受纯母乳喂养已达6个月，即使已开始添加辅食仍需坚持维生素D的补充，如果添加辅食正常且母乳量充足，在孩子1岁~1.5岁即可停止补充维生素D。对于需要添加一些配方粉混合喂养婴儿，家长可根据配方粉罐上的成分表，按照婴儿配方粉的食量计算一下，酌情考虑每天应补充维生素D的量。

听说注射维生素D的吸收效果更好，改天带孩子来医院注射。
不推荐这种方法，以免注射过量出现维生素D中毒。

如果婴儿很早开始接受的是全配方粉喂养，每天可达700ml，就可满足每日维生素 D 的需求，不必补充了。

对于大些的孩子，普通鲜牛奶中维生素 D 的含量不足，家长应该给儿童选择强化维生素 D 的鲜牛乳或者给孩子补充维生素 D 制剂。

有的家长为了使维生素 D 的吸收效果更佳，会考虑到给孩子注射维生素 D。不推荐这种方法，以免注射过量，出现维生素 D 中毒。

1岁半的孩子不喜欢喝白开水，所以每次我都会放小半勺蜂蜜。
孩子不爱喝白开水是家长惯出来的毛病。对于已经不能接受喝白开水的孩子，可以继续给孩子喝蜂蜜水和果汁，但家长要有意识地逐渐减少水中蜂蜜或果汁的含量，诱导孩子逐渐接受白开水，这样有利于孩子牙齿和口腔的护理。
为什么喝白开水好?
喝白开水有助于清洁口腔，预防今后出现龋齿，还不容易导致厌奶等现象。

婴儿是否需要补水

婴幼儿接受的液体食物偏多，年龄越小越是以液体食物为主，比如一天进食 800ml 奶，其中至少有 700ml 水。在未添加辅食的阶段，母乳喂养婴儿会根据自己的状况调整进食量，所以不需常规补水；配方粉喂养儿，如果配方粉调配合理且进食正常，也不需常规补水。

家长无须把注意力放在孩子具体的喝水量上，但是可以通过观察孩子的尿量和颜色，来判断孩子是否该补水了。只要进食量正常，没有额外丢失水分，比如大汗、腹泻、呕吐等，也没有进食维生素等药物，不是晨尿，其他时段尿液淡黄或无色，就说明孩子体内水分充足，无须刻意额外补水。不论何种喂养方式，是否应给孩子喝水要依具体情况而定。

此外，是否补水也与进食量、天气、温度、疾病等有关，在天气干燥、气温高、出汗多、发热等情形下，也要注意给孩子补水。

家长要注意，生吃水果、蔬菜可能会引起口过敏症。

口过敏症为IgE介导过敏，属急性过敏，接触食物后几分钟即可出现，停止喂养后很快能消失。

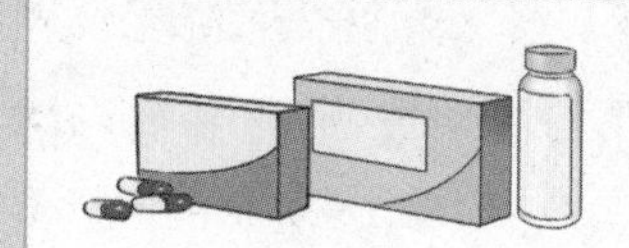

症状严重时，应使用仙特明等抗过敏药物。

遇到口过敏时，应停止进食此种食物至少3~6个月。

但水果在煮熟或蒸熟后吃，却可以避免此症。家长或许会疑惑水果蒸熟了以后，维生素C会遭到破坏。实际上，给孩子提供蒸熟的水果，不是常理推荐的方式，因为蒸熟过程肯定会破坏水果中的维生素。所以只建议对生食水果出现“口过敏症”的婴儿接受蒸熟的水果。

怎样给孩子添加水果、蔬菜比较好

家长在给孩子制作蔬菜泥时，要保证蔬菜中的营养物质尽可能不被破坏。不同种类的蔬菜制作方法有异。根茎状蔬菜，如土豆、红薯、胡萝卜，可将它们蒸熟后去皮，再制成泥糊状；绿叶菜应整颗在滚开的水里焯数秒，取出后再加工成菜泥，菜泥要剁得很碎。这样处理后，附着于菜叶上的化肥、农药等残留物含量可以降到最低；绿叶菜不要做得太熟，也不要剁碎后再放入开水内焯，这样做会使维生素大量流失。

菜泥处理完后，可直接加入到米粉中喂食；如果想做菜粥，可以先熬米粥，待粥要熟时再加入制好的菜泥，千万不要将菜与米一起煮熟。

家长要注意，由于胡萝卜素在油脂参与下常能很好地被人体吸收，因此给孩子做胡萝卜泥的方法与其他蔬菜泥稍有不同。可将胡萝卜切成块，用少许油爆炒几秒后再放入蒸锅内蒸熟，取出后弄成胡萝卜泥，最后加入米粉内；还可以将

叶黄素

——对认知能力、视觉发育有利

目前研究发现，母乳的初乳和成熟乳中含有一种类胡萝卜素——叶黄素。

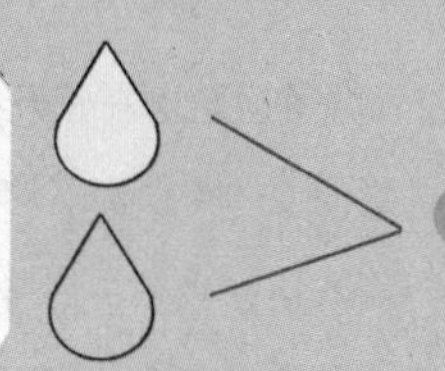

叶黄素

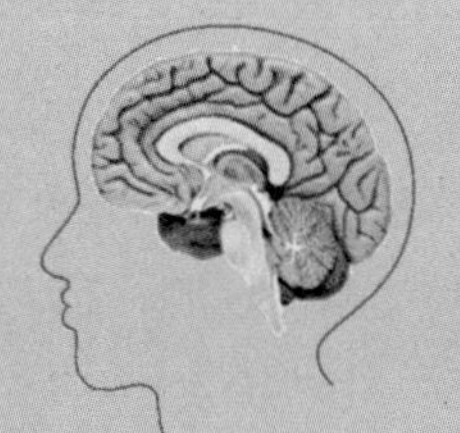

叶黄素是婴儿大脑中最主要的类胡萝卜素，可能参与认知功能，也是视网膜的主要色素成分。

它广泛存在于蔬菜、花卉、水果等植物中，属于天然物质，人体内无法合成，饮食获取是唯一来源。所以要坚持母乳喂养，适时添加蔬菜水果。

蒸熟的胡萝卜搅成泥，掺入少许橄榄油，喂给婴儿；孩子大一些以后，可将胡萝卜切块和肉一起炖 20 分钟左右。

从营养的角度出发，果泥是最好的进食水果的方式，可将苹果、香蕉等刮成泥直接喂给婴儿，这样既可保证水果中的营养，比如维生素、纤维素等，又能锻炼婴儿进食食物的能力。由于水果是甜味的，不是成人食物的主要味道，希望家长们以加餐的形式喂养。一岁内，最好选择味道不太甜、酸的水果，以免干扰奶的摄入。

不将水果泥加入米粉等喂养婴儿，这样不会使孩子出现对主食味道的错觉，为长大后自然接受咸味主食做准备。

一般家长都知道冰箱内的食物凉，不能取出后马上给孩子食用，否则会引起胃肠不适，却不知道冰箱还是食物的再污染地。

由于很多家庭没有定期清洗冰箱内部，致使冰箱内部存留了多种细菌。当冰箱内的食物提供适当的营养时，细菌即可生长繁殖。

从冰箱内取出新鲜食物，特别是水果、蔬菜后，如果忽略了再清洗，同样有可能造成细菌性肠道感染。

多少摄氏度的食物适合孩子吃

婴儿出生后喝妈妈的乳汁，温度与母体相同，应该在36℃~ 37℃。也就是说，最佳喂养温度应该与正常成人体温相同。如果辅食温度相对较高，与母乳温度存在差异，将不利于婴儿维持正常胃肠功能。如果希望孩子能够接受室温奶，需要逐渐锻炼才行。

随着生长，逐渐会有适合自己孩子的食物温度。有的家长总担心孩子吃的食物偏凉会损伤到肠胃，家长要把握一个度，偏凉指的不是绝对温度，而是与平时进食温度相对而言。若孩子出生后喝凉奶和凉水，胃肠就会适应偏凉温度；若平日进食温热食物和温水，突然进食偏凉食物就可能出现胃肠不适。每个婴儿都有各自的胃肠适应温度，这个温度来自平日生活，无须互相比较。

婴儿早期营养的目的是什么？

家长在养育孩子过程中，早期最应该做的是保证合理的营养。

早期婴儿喂养不仅应该满足婴儿早期的生长和发育，同时还应避免或降低婴儿早期胃肠、呼吸和过敏疾患的发生。

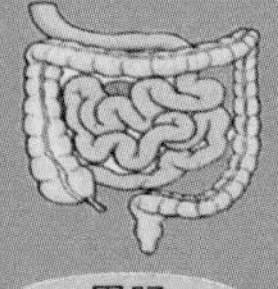

胃肠

呼吸

过敏

只有这样，早期营养才有可能为儿童期，乃至成人期的健康打好基础。

如何喂养生长发育较快的婴儿

由于母亲怀孕期间营养充足，现在出生时体重较大的婴儿越来越多。再加上孩子出生后能够得到足够的母乳或营养充足的配方粉，所以生长发育较快的婴儿也越来越多。这样家长们面临着一个新的问题，如何喂养生长发育较快的婴儿？一般家长都是选择母乳或价格高的进口配方粉。在孩子出生后头 4 ~ 6 个月内，这种做法非常正确。可是，一旦孩子超过 4 ~ 6 个月，一是营养需求增加，二是孩子的胃肠蠕动加快，流质的母乳或配方粉在胃肠内存留时间就会逐渐缩短，致使营养吸收率逐渐下降。这时就应该开始添加婴儿米粉等辅食。有些家长仅仅从营养角度出发，认为米粉等辅食不如母乳或配方粉好，因此，对辅食添加并不十分积极。其实，辅食不仅本身可以及时提供丰富的营养，还可增加母乳或配方粉在婴儿胃肠存留的时间，这样就能提高婴儿对母乳或配方粉的吸收率。当然，辅食添加对婴儿整个的生长发育也有相当重要的作用。

母乳喂养的时间越长越好吗？

母乳喂养的目的是婴幼儿生长健康。为此，母乳喂养期间应根据生长发育曲线密切监测婴儿生长，如果发现问题要及时进行科学调整。

调节好母乳喂养与辅食的关系，在保证孩子营养摄入充分的前提下，延长母乳喂养的时间。

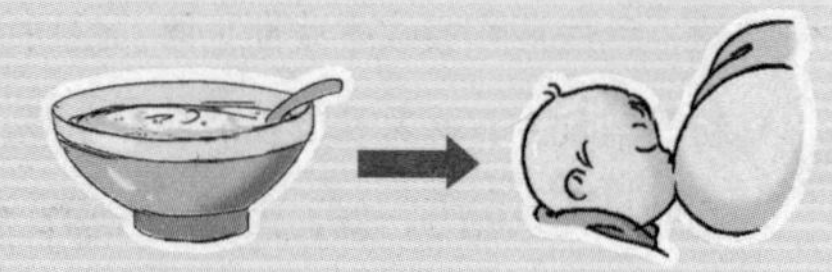

我们既不能轻易放弃母乳喂养，也不能患上母乳喂养强迫症。

要记住：

喂养的目标是养育健康的婴儿，而不是追求某种固定的过程。

什么时候断母乳比较好

关于断奶时机，民间有“夏天不宜断奶”一说。其实，断奶的合适时机与很多具体情况有关，月龄与季节却不是应该考虑的因素，母乳的“颜色”和“稀稠度”也不是断母乳的指标。

考虑给孩子断奶，关键要想好以下几个问题：为何断奶？如何断奶？断奶后换成何种食物及如何喂养？谁来喂养？一切心理和物质准备得当后再考虑断奶。

添加辅食后，孩子养成了正常进食的规律和习惯，就不会过度依赖母乳喂养了。如果进食丰富，即使断母乳也不会影响到婴儿的生长；孩子正常接受辅食，母亲也会生活规律，身体健康。这样，孩子才会实现断奶的自然过渡。

挑食往往是家长“惯”出来的毛病

宝贝要是能吃光，妈妈奖励你吃——

1. 很多家长把不建议给孩子进食的食品作为“奖品”。

宝贝快吃吧，多吃点，有营养……

2. 过度强调想要推荐给孩子的食品。每次吃饭都说，经常说，造成孩子的逆反心理。

3. 全家观点不一致，主张不同。平淡对待食物，有意侧重，少用语言刺激，多用行为引导，往往效果更好。

孩子见饭就躲怎么办

很多时候听到家长这样抱怨，本来孩子吃饭很好，不知什么原因，近来见饭就躲，即使将就地喂进嘴中，也会被吐出。孩子不爱吃自己的饭，反而对大人的食物十分感兴趣。这种情况说明孩子的味觉已经发育，给孩子做的食物的味道已不能满足孩子的需求。

处理这种问题的方法十分简单：只要在孩子的食物中添加少许调料，即可获得意想不到的效果。婴儿的味觉大多在8个月时开始发育，每个孩子味觉发育会有时间上的差异。只要发现近来孩子对原本喜欢的食物产生厌恶，就应考虑可能是由于味觉发育所致。这时，可以在孩子的食物中添加一点炒菜的菜汤等来改善婴儿食品的味道。当然，最好1岁后添加最为安全。家长要注意，单独添加一种调料（如食用盐），会导致个别营养素添加过量（如钠过多）。

我家宝宝还不到9个月，已经冒出第八颗牙了，会不会长太快导致缺钙？
孩子出牙晚，怀疑缺钙；出牙早，也怀疑缺钙；出汗多，还怀疑缺钙。中国的家长何时能抛开“缺”和“补”两个字，踏实地从均衡营养做起？
对婴儿来说，奶是主要的均衡饮食；对儿童来说，不偏食、不挑食是保证营养的基础。

婴儿的牙齿萌出有早有晚，一般满6个月开始出牙，出牙早的在4个月，晚些的1岁时还未萌出。出牙过程极具个体化，不要互相“攀比”。

孩子出牙期应该如何处理食物

五六个月的婴儿，常用手抠嘴就可能与长牙有关。牙齿在牙龈内生长的过程中会引起牙龈不适，可引起哭闹，甚至低热。使用牙胶、磨牙棒等在一定程度上能缓解出牙过程带来的不适。有些家长担心磨牙棒被咬下一小节会噎着孩子，对于用细面粉等压制而成的磨牙棒来说，看似坚硬，但遇唾液会很快变散，所以无须担心，但用胡萝卜、黄瓜条做磨牙棒就要十分小心了。

给孩子制作辅食时，应该考虑到婴儿牙齿的发育状况，要使食物的性状与牙齿的发育相匹配。食物性状从糊泥过渡到颗粒的前提是牙齿萌出。磨牙萌出之前还不能充分咀嚼食物，在此期间给婴儿喂食小块状食物就会出现囫囵吞枣的现象。对出牙“晚”的婴儿，有些家长认为与孩子吃的食物太细有关，会考虑以提供小块状食物来促进牙齿的发育，这是不可行的，除了对牙齿发育不利，还可能会出现消化吸收不良，以至于影响生长。

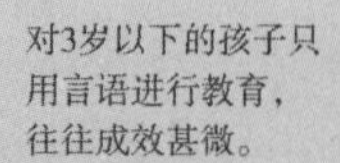

对3岁以下的孩子只
用言语进行教育，
往往成效甚微。

家长最好用自己的行为为孩子做榜样。为了能使孩子吃好饭，可以让孩子与大人同时间同桌进餐。大人吃饭的行为可以激发孩子的模仿天性，从而达到最佳进食效果。

3岁以上，就可以和孩子讲道理了。

孩子不懂“饿”怎么办

人只有当自己的身体处于饥饿状态时才能有好的食欲，人体的消化器官也才处于最佳消化吸收状态，此时进食才能使人获得十分的满足，才能产生最佳的进食效果。

频繁地少量进食会使人失去饥饱的刺激。这种生理过程在孩子身上也会得到充分的反映。不知饥饱很难引起孩子的食欲及吃饭后的满足感，孩子便会对吃饭失去兴趣。

为了使孩子有饥饿感，有吃饭的兴趣，家长应定时给孩子喂饭。若孩子吃得不多，也不要着急随后补上。应等到下次喂饭时再吃。虽然这样可能使孩子一天的进食量减少，即“营养量不足”，但短期训练的最终结果可以使孩子养成长久的良好的进食习惯，只有这样，孩子的生长发育才能获得坚实稳固的基础。

咱儿子出生就有8斤重，谢谢你给我生了这大胖儿子！

在孩子喂养上我不惜一切代价！我给儿子选择了上等的配方粉、钙粉和鱼肝油。

钙粉

鱼肝油

咱儿子长得真快，6个月龄体重和身高就达到相当于大多数孩子9～10个月龄的水平了。
那是咱喂得好！

孩子超过6个月了，用不用添加一些米粉之类的辅食呀？

进口的配方粉中营养成分均衡，肯定优于米粉等婴儿辅食，应当是最佳选择。

随着孩子的长大，他怎么有时会无原因地哭闹，特别是夜里睡觉时，会突然哭醒。而且，这种情况越来越严重。

给孩子补充葡萄糖酸锌制剂好吗

孩子缺锌的表现为食欲减退、易出皮疹、情绪不稳定、味觉异常、体重减退，甚至免疫功能受到抑制。

锌分布于人体内所有活细胞内，它参与人体内大多数代谢活动，特别是在维持免疫功能方面有重要作用。贝壳类海鲜、深色肉（瘦牛肉、猪肉）、豆类及干果、牛奶、鸡蛋等都富含锌。食用富含锌的食品时，必须同时摄入充足的动物蛋白，例如瘦肉、鱼等。动物蛋白能提高锌在人体内的利用率。如果仅仅是服用药物性锌制剂，未能同时食入足量的动物蛋白，将不能取得很好的疗效。但是，其他微量元素的过多摄入，例如大量补钙、补铁都可影响人体对锌的吸收。同样，过多补充锌制剂，也会影响人体对其他微量元素的吸收。最好的办法是给婴儿提供营养丰富、均衡的食物。

增加动物蛋白的摄入不仅可以提供充分的蛋白质，还能保证锌、铁等微量元素的提供。单独且不适当地补充某种微量元素（例如钙、锌、铁等）都将影响人体对其他微量元素

检查与治疗：

从外表看，孩子十分健壮。不仅表现在身高、体重上，而且神经系统发育也未发现明显问题。一边给孩子做检查，一边与家长交谈，孩子会突然哭闹，不过也能自行缓解。

综合起来分析，孩子这种情绪不稳定的现象，加上生长过快、家长对辅食添加不及时，都说明可能存在微量元素的缺乏，特别是锌缺乏。

经过检查，孩子的血锌为57.6 μmol/L（正常值范围是76.5 ~ 170 μmol/L）。孩子的问题在于添加辅食不足，以及不适当地补充了钙剂和鱼肝油。建议添加辅食，停用钙剂和鱼肝油，适当服用葡萄糖酸锌口服液。

3天后，孩子的情绪稳定多了，夜间睡眠也有了明显的改善。

的吸收和利用。

微量元素在人体内虽然含量很少，但所起的作用却特别重要。过多或不适当补充不仅不能促进孩子健康生长，反而会出现其他营养物质吸收受阻等问题。合理均衡的饮食是最好的营养素补充剂。若孩子出现微量元素缺乏问题时，应在医生指导下，适当补充。

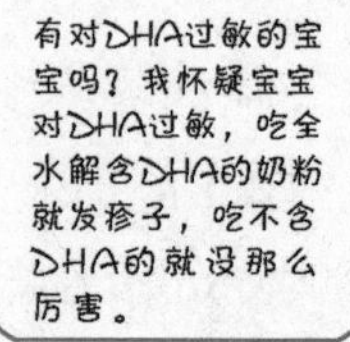

有对DHA过敏的宝宝吗？我怀疑宝宝对DHA过敏，吃全水解含DHA的奶粉就发疹子，吃不含DHA的就没那么厉害。

关于DHA的问题，大家一定要清楚，DHA按照来源不同，分为鱼油来源和海藻来源。

如果使用鱼油来源的，有可能引起过敏。

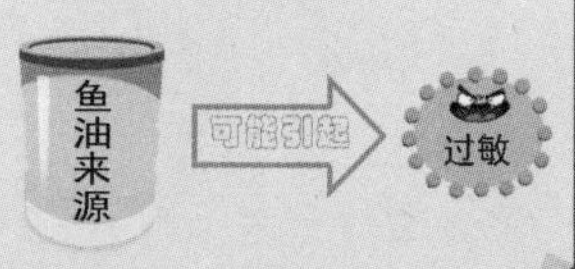

配方粉内添加的DHA仍然有着鱼油来源和海藻来源之分。如果婴儿营养品或配方奶内没有标明DHA的来源，就应该是鱼油来源的DHA。添加藻类DHA的产品大都会有标识。

添加藻类的DHA

鱼油来源的DHA

DHA 摄入越多，孩子越聪明吗

研究证实，胎儿和婴儿大脑和视网膜发育过程中需要DHA，DHA 有助于胎儿和婴幼儿大脑的发育。而且对任何年龄的人群，DHA 都具有抗炎作用。DHA 在人体内有着如此重要的作用，需求量却很少。DHA 属于长链多不饱和脂肪酸，属于脂肪，不是“特殊”营养素。如果摄入过多，人体会将其作为能量消耗掉，绝对不是 DHA 摄入越多，孩子就越聪明，聪明与后天的培养教育有很大关系。

最好的 DHA 来源是母乳。母亲在均衡饮食同时，再进食一定数量的深海鱼或 DHA 补充剂，母乳中就会含有足够的 DHA。2 岁之内的婴幼儿，如果进食充足的母乳或含有DHA 的配方粉，以及营养丰富的辅食，比如营养米粉，则不需再接受 DHA 或鱼油补充剂。2 岁后可酌情补藻类 DHA。

鱼油和藻类 DHA 都是 DHA 补充剂，给孩子补充要选择藻类 DHA。鱼油属于含 DHA 产品，而藻类属于相对纯的DHA 产品。鱼油中含有 EPA，一种具有扩张血管、抑制凝

α-亚麻酸和DHA一样有助于孩子大脑发育吗?

DHA、亚油酸、α-亚麻酸、花生四烯酸都属于长链不饱和脂肪酸。

理论上人体能将α-亚麻酸转换成DHA，但实际转换率极低，低于3%~5%。所以，绝对不要轻信长链不饱和脂肪酸、α-亚麻酸等可以有助于大脑发育的文字游戏，只有DHA可以。通过补充α-亚麻酸提高人体DHA水平是天方夜谭。多余的α-亚麻酸只能与其他脂肪酸一样，提供一些能量。

血作用的长链多不饱和脂肪酸，对老年人非常有益，但对婴幼儿不仅不利，而且有可能造成出血等问题，所以不建议儿童接受鱼油产品。家长在购买前要仔细询问。

另外，鱼油与鱼肝油不是一回事，我们平时提及的鱼肝油指的是维生素 A+D，不是鱼油。母乳喂养婴儿应该接受的是鱼肝油，不是鱼油。这一点家长一定要注意。

15个月的儿子吞了烟蒂，
看网上有人说会随大便排
出，也有人说要吐出来，
到底怎么办呢？
孩子这种行为是好奇和兴趣所致。遇
到孩子进食异物，首先应该用手指、
勺柄、筷子等刺激孩子咽部催吐，让
孩子尽可能吐出误服异物。

孩子吞食了异物怎么办

遇到孩子进食异物，家长的第一反应应该是用手指、勺柄、筷子等刺激孩子咽部催吐，让孩子尽可能吐出误服异物。

如果孩子是误吞了药物，特别是液体药物，一定尽快催吐，然后到医院检查，同时要带着药瓶或药盒。

若吞服的异物不是十分尖锐，孩子也无异常表现，等待孩子将异物随大便排出即可。比如小塑料叉子的尖，进入胃肠后会被胃肠液包裹，不会直接刺入胃肠壁，1～2天即可排出。

母乳也能制酸奶吗？

用母乳制酸奶应该是“笑话”了。因为母乳喂养过程是有菌喂养，比酸奶喂养更加利于婴幼儿肠道健康。

即使吸出的母乳中也含有细菌，而且还有需氧菌，放入酸奶机中数小时，一定会“发酵”出大量致病菌。

吸出的母乳应该置于冰箱内保存。

多大的婴儿才可以吃酸奶

酸奶是鲜奶在活性益生菌，如双歧杆菌、乳酸菌的作用下，经过发酵由纯液状变成半固体状的过程。不仅性状发生改变，其中富含对人体有益的益生菌，还富含变性且易于消化的蛋白质及益生菌产生的有助于消化的酶。

常规推荐 1 岁以上的婴幼儿才能接受酸奶。其原因是 1 岁以上的婴幼儿才能接受鲜奶。常规酸奶是以鲜奶为基础制作的酸奶，但如果家庭内能够以婴幼儿配方粉制作酸奶，1 岁以内的婴幼儿可以接受。需要注意的是，即使使用婴幼儿配方粉制作酸奶，也只能作为辅食，适当使用，不能代替正常配方粉喂养。婴幼儿每天能够摄入的益生菌的量是有限的，如果摄入过多会导致腹泻。

辅食添加千万不可喧宾夺主！

做好的酸奶可以加点
糖或蜂蜜给宝宝吃吗？

自制的酸奶，相对较酸，在孩子
食用前，可以加些果汁或果泥。
对于1岁以内的婴儿不要加糖或
蜂蜜，1岁以后才可以添加。

刚从冰箱拿出来的酸奶，
可以直接给宝宝吃吗？

应该给孩子进食常温下的酸奶，常温
不会使益生菌变性。如果自制酸奶，
应该在37℃恒温下，才能使益生菌发
酵鲜牛奶。人体结肠就是益生菌栖息
的场所，它的温度就是人体温度，约
37℃。

给孩子添加辅食，不要撇开家庭喜好。

孩子是家庭的一员，进食习惯应与自己家庭相符。每个家庭都有自己的食物喜好，比如辣、清淡等味道以及面、米等食物种类。

孩子应在2～3岁接受家人的食物喜好，2～3岁前是逐渐引导阶段。若按照书本或纯西方方式喂养孩子，有可能导致孩子今后对自己家庭喜好的食物味道和种类接受不良。

有时候孩子们看似吃了很多，但实际上吃下去的食物相对比较稀。粥中的米吸收了水而膨胀，面条也吸收了煮面的肉汤或骨汤。这其实是障眼法。孩子看似吃了很多，但实际上真正吃的有营养的干饭并不多。

孩子吃得多但长得慢是为什么

给半岁到两岁的孩子喂饭往往会出现这个问题，问题的原因在哪儿？就是食物相对比较稀。虽然看似孩子吃的量比较多，有的时候能吃一碗或是更多，但是仔细想想，孩子吃的一碗中都有什么？经常是以粥或是面条为主的食物。

有的家长会说，粥熬了两三个小时并不稀，但是这两三个小时的过程中无外乎就是水被吸收到米里，使米看起来膨胀而已，看似稠，实际上是障眼法。同样的煮面条也是，我们拿鸡汤或是骨头汤煮面条，又不舍得把汤倒掉，一会就会把面条发得很大，实际上很多时候，看似孩子吃得是不少，但实际上真正吃的有营养的干饭并不多，所以家长一定要避免这样的情况，避免因为障眼法导致的孩子吃得多却长得慢的情况。

在奶中，无论是母乳还是配方奶中，含有的都是乳糖，经过小肠粘膜乳糖酶的分解，才能分成半乳糖和葡萄糖，才利于吸收，所以乳糖在体内有限速的作用。还有蔗糖，这是一种双糖，同样需要酶分解才能吸收，也具有限速的作用。

葡萄糖在人体内可以直接吸收，不受任何消化或是限速酶的影响，对血糖的影响比较大，所以家长不要给孩子直接喝葡萄糖。

葡萄糖

孩子可以喝葡萄糖水吗

我们平时所说的糖指的是具有甜味的固体或是液体的东西，分为很多种，从葡萄糖到淀粉都属于糖，但是在人体内的吸收是完全不同的。比如说葡萄糖在人体内可以直接吸收，不受任何消化或是限速酶的影响，对血糖的影响比较大，所以我们不建议孩子直接喝葡萄糖。

在奶中，无论是母乳还是配方奶中，含有的都是乳糖，经过小肠黏膜乳糖酶的分解，才能分成半乳糖和葡萄糖，才利于吸收，在体内有限速的作用。生活中还有一种常见的糖是蔗糖，这是一种双糖，同样需要酶分解才能吸收，也具有限速的作用，不会造成血糖浓度短时间内升高太多的后果。

益生菌是对人体只有益而无害的活菌，是从母乳喂养正常婴儿粪便中提取出来的，主要以双歧杆菌作为蓝本，经过加工产生不同的制剂。从益生菌变成益生菌制剂的时候，就由益生菌原始的概念变成了益生菌制剂的概念，其中有防腐剂、添加剂、稳定剂等。所以我们鼓励母乳喂养，达到最原始的理想状况。不能进行母乳喂养的孩子，我们会根据消化吸收的情况再推荐使用益生菌。

孩子能不能长期服用益生菌

现在越来越多的家长知道益生菌这个概念，知道益生菌对孩子的消化和吸收有很大的帮助作用。于是很多家长就想知道孩子是否需要经常吃益生菌？益生菌对孩子是否有害处？

益生菌是对人体只有益而无害的活菌，是从母乳喂养正常婴儿的粪便中提取出来的，主要以双歧杆菌作为蓝本，经过加工产生不同的制剂。但是大家要知道，益生菌变成益生菌制剂的时候，就由益生菌原始的概念变成了益生菌制剂的概念，其中必然有防腐剂、添加剂、稳定剂等，所以我们鼓励母乳喂养，达到最原始的理想状况。不能进行母乳喂养的孩子，我们会根据消化吸收的情况再推荐使用益生菌，不要因为益生菌有好处就认为所有的孩子、任何时候都可以使用。

在保证奶源安全的前提下，1岁以上的婴幼儿即可进食鲜奶。

为了适应鲜奶的蛋白质，可以先吃一些鲜奶制品过度，如蛋糕、面包、饼干、酸奶、奶酪等。

逐步培养孩子进食鲜奶的习惯，日后可以更好地适应幼儿园的饮食。

2岁以上的幼儿及儿童每天都坚持喝鲜奶200-400毫升，对孩子生长发育期钙质的提供非常有利。

家长要注意：

如果孩子有牛奶过敏，要谨慎使用含牛奶的食物。

孩子什么时候可以喝鲜奶

很多家长都关注孩子什么时候可以喝鲜奶，从理论上讲，1 岁以后孩子就可以喝鲜奶了。但是由于某些实际的问题，家长担心鲜奶的质量和营养不能够满足孩子的需求。如果家长过分担心的话，我们还是建议孩子两三岁以后再添加鲜奶。

但是以我个人的经验来说，我建议孩子可以先吃一些鲜奶的制品，比如说从蛋糕、面包逐渐过渡到酸奶、奶酪，再逐渐过渡到鲜奶，这样相对比较安全。因为我们可以从中了解到孩子对鲜奶制品的接受度、逐渐到对鲜奶的接受度。到了两三岁以后再给孩子添加鲜奶，实际也是为了增加孩子对进食的兴趣，因为鲜奶的东西会越来越多，这样孩子以后上幼儿园，也能跟幼儿园的饮食相接近。

冰淇淋也属于鲜奶制品。所以从最低年龄来说，1 岁以后的孩子才可以接受冰淇淋，但是冰淇淋温度低而且含糖多，所以建议可以晚一些给孩子尝试。

家长要有意识地控制孩子的进食时间和饭量，培养孩子良好的进食习惯，不能让孩子对吃零食的兴趣多过吃饭。

在正餐之间，孩子可以适当吃一些零食补充体力，但必须控制数量和食用时间。

给孩子吃零食也要注意营养成分，食物中不能含有太多添加剂，避免孩子对某些添加剂味道“上瘾”。

孩子爱吃零食胜过吃饭，如何纠正

进食习惯是保证营养摄入的关键。良好的进食习惯，不仅可保证进食数量，而且可保证正常消化吸收功能，从而保证营养素的消化、吸收，保证营养素的利用率。频繁吃零食，看似进食量不少，但胃肠功能未达正常功能状况，对营养素的吸收率会降低。另外，家长频繁变更喂养时间和喂养量，易导致孩子对进食抵触和不配合。孩子不专心吃饭是对喂养接受状况出了问题，可能是由于孩子没有在饥饿的时候吃饭，或者孩子对某种食物接受度不好，或者是因为喂养环境分散了孩子对吃饭的注意力，建议家长除了让孩子养成定点吃饭的习惯外，每天吃饭的时间要固定，两次吃饭间隔不给孩子吃太多的零食，训练饥饿感。

对待孩子已经养成的爱吃零食问题，家长不要过于头痛。孩子在平常的玩耍中可以有适当的零食，但必须在数量和时间上有所控制，如果临近正餐时间，就不要再给零食了。如果孩子吃零食的习惯已经影响到了吃饭，就要停止这

我家三岁的小朋友爱吃零食，不好好吃饭。我把所有零食锁了起来，只给她半个小时的吃饭时间，自己吃也可以，喂也可以，过了半个小时就收拾碗筷。过了两餐，她乖乖吃饭了。
这种处理方法值得推荐，我们称为“饥饿疗法”。家长们要注意，面对孩子时言辞要温和客气，不要凶狠恐吓，更不要上手打骂，但纠正坏习惯的态度一定要坚决。

些零食的提供，有步骤地纠正这一毛病。即使孩子哭闹抵触要求吃更多的零食，家长也要坚定地拒绝，同时想办法转移孩子对零食的注意力，安抚情绪。

其实孩子非常聪明，只要在适当时间为孩子提供适量零食，就不会影响吃饭，也不会形成依赖。孩子的所有习惯都是大人养成的。不要把责任都推给孩子，大人一定要反思自己做的是不是合适。如果发现自己做错了，就要及时纠正。千万不要既给孩子提供零食又责备孩子，让孩子心里非常委屈。

？10个月大的婴儿能吃代餐粉吗？

答：据查代餐粉是一种用来代替正餐的食品，由于含有较低的能量和食用后可带来强烈的饱腹感，可用于辅助减肥。10个月的婴儿在母乳或配方粉基础上，每天两次辅食，可包括米粉或稠粥、烂饭，并混有菜泥、肉泥、蛋黄泥等，没有必要再去吃额外配好的代餐粉。

？粗粮有益健康不易发胖，给孩子吃粗粮比吃米饭好？

答：刚添加辅食的时候，要给孩子选择一些容易消化吸收的粮食，不要上来就是棒子面粥、小米粥。孩子处于生长发育的阶段，需要体重的增长。

崔医生告诉你正确的辅食添加顺序

孩子到了添加辅食的年龄以后，我们建议家长先给孩子添加富含铁的米粉，然后是青菜，当孩子满 7 个月以后，就要给孩子添加肉泥，特别是红肉。

辅食添加其中一个主要的作用就是给孩子补铁，因为孩子身体内储存的铁在 4 ~ 6 月后就开始不足，这样就可能会出现贫血的现象。因为母乳中的含铁量不够孩子发育使用，所以家长给孩子添加辅食后一定要给孩子添加富含铁的米粉，在孩子接受米粉以后，可以给孩子添加青菜。青菜滚水烫洗后切碎加入米粉或粥中，不可长时间蒸煮，否则营养会流失。

当满 7 个月的时候，可以加上肉泥，如牛肉、猪肉、羊肉泥等，这样可以避免孩子因为缺铁而出现的贫血，否则可能会影响孩子大脑及身体的发育。

家长认为给孩子吃肉可能会导致一些不良的现象出现，比如说孩子出现早熟或是其他一些不安全因素引发的状况。

粥可以替代成品米粉吗?

答：营养米粉虽然是工业化的产品，但其中的营养是均衡的。家长既要重视孩子食物的性状，也要重视其中营养的浓度及含量。

罐装果泥比新鲜水果更好吗?

答：各有利弊。罐装食品中肯定会有调味剂、添加剂、防腐剂等。我们建议家长如果能买到放心的新鲜水果蔬菜，会比罐装食品更加安全。

实际上家长可以将肉煮熟，然后用辅食机打成泥糊状，再给孩子食用。家长要注意，给孩子添加的一定要是红肉，因为食用红肉是给孩子补铁的最好办法，红肉中的铁，孩子能够吸收 60%～70%。最好每天都保证至少一顿有红肉，这样才能有效预防缺铁性贫血的发生。

四个月的宝宝去打预防针时，美国医生说要开始吃米糊。我看您说不主张六个月前吃，所以想问问您，是不是最好不吃？

暂不谈何时应添加辅食，就说如何选择辅食种类。中国人多能接受大米和小麦，但小麦早期服用易过敏，所以建议首选大米米粉。由于西方人多食燕麦、糙米等，会把这些粉推荐做婴儿首选辅食。希望家长根据自家进食习惯给孩子选择米粉及其他辅食，不要被市场上产品，特别是国外产品所迷惑。

海淘国外婴幼儿食品真的那么好吗

今天一位奶奶和爸爸带孩子来医院体检，当问及给孩子吃什么配方粉的时候，家长说是国外买的，牌子什么的不清楚，又提及给孩子补充的钙、DHA、维生素D统统都是国外买的，同样不知道是什么牌子，给妈妈打电话咨询，妈妈同样不知道，只知道是国外的，海淘的。

现在有很多家长，通过海淘或邮购的方式给孩子选择营养品，特别是营养补充剂。家长一定要知道所含的种类和剂量。很多家长都不知道给孩子食用的补充剂是什么名字，甚至连含什么成分也不知道，只知道其中的主要成分，比如说给孩子选了多种维生素，只记住了是维生素D；选择的是多种维生素和DHA，只记住了是DHA，这样的话特别容易造成几种补充剂使用使孩子的某种营养素摄入过多，甚至可能出现中毒的情况，所以大家一定要弄清楚所含的成分和剂量。

大家给孩子用任何东西的时候，最起码要知道品牌的名

- 给孩子吃“海淘”的营养品和药品，一定要留意成分和剂量。

- 用纸笔或是手机拍照，记录下名称、成分等信息，便于医生了解情况。

- 多与医生或专业营养师交流，不要盲目跟风购买。

字。这样医生也可以帮助大家了解量是否合适。千万不要仅仅看了网评和朋友圈的推荐，就盲目购买，连说明书都看不懂，那你怎么知道该给孩子吃多少呢？这样其实是含有一定风险的。建议家长给孩子吃东西前一定要清楚地了解品牌和含量，不知道的话可以询问医生来帮助解决。

五个多月的婴儿可以用米汤拌鸭蛋黄冲奶粉吗？三样一起混着吃没有问题吗？

辅食添加为了提供营养，也为了促进发育，所以不建议将辅食与奶粉混合喂养，因奶粉用瓶喂，辅食用碗和勺。用碗和勺的方式喂辅食，可使孩子逐渐接近大人进食方式，还对专注力有培养作用。辅食时间最好在大人进食中或后，这样可诱导婴儿饥饿，利于进食愉快。不过，五个多月进食这些略早，可考虑推迟。

孩子九个半月，不爱吃辅食，只认奶，一喂辅食就闭着嘴巴，头往别的地方躲，是不是缺什么东西，要去查一下微量元素吗？

孩子喜欢喝奶，不喜欢吃辅食，应从两方面考虑：一、对吃奶产生心理依赖，特别是母乳喂养儿。接受了奶的味道和吃奶方式，不喜欢辅食的味道和喂养方式。为此，家长应保持规律喂奶，即使不接受辅食也不要用奶补充。适当饥饿会有效；二、有可能是孩子对辅食中有些食物过敏，进食后感到不适而拒绝。

如何对待孩子挑食、不喜欢辅食的问题

其实挑食是由于两大方面原因造成的，第一种原因是孩子吃了这种食物真的不舒服，出现了过敏的问题，比如吃完了以后咽部不适，甚至胃不适，会出现呕吐腹泻或者出现皮肤瘙痒的问题。

第二种原因就和家长的引导有关，刚开始添加辅食的时候可能与其他食物分着喂，这样孩子就会得到一个概念，有些食物喜欢吃，有些食物不喜欢吃。这样就逐渐形成了偏食、挑食。对于这种情况，家长要尽可能地把他的食物混在一起喂，这样可以增加孩子的接受度。给孩子喂养辅食的方式要逐渐接近成人，如辅食频率为2～3次固体食物/天。此时奶应开始成为辅食。不是说母乳没有营养了，而是说孩子应逐渐接近成人的进食习惯和方式，以帮助孩子逐渐走向成熟。

再有，如果是跟家长一起进食，辅食做得多一些，家长表现出也喜欢吃，孩子可能慢慢也就喜欢上了，所以面对孩子挑食、偏食的问题，排除不耐受的问题后，家长要以身作则给孩子一个很好的引导。

现在准备给宝宝添加面条一类，请问给宝宝做饭可以用大人的厨具（锅碗瓢勺和刀具案板之类）吗？还是说需要单独准备？

说到给宝宝做饭是否可用大人的厨具，感性地说是不可以的，但实际上应取决于大人厨具的卫生状况。厨具使用前、后都应用清水冲洗。特别是使用后，清洗完成，应放在通风处，晾干。因为干燥是最好的“消毒剂”。千万不要使用含化学消毒剂的清洗液，以免残余在厨具上，今后可能混入食物而食用。

宝宝突然不吃米粉怎么办

婴幼儿在某一阶段突然不爱吃米粉了是一个非常好的现象，说明孩子的味觉在发育，米粉的味道他已经不喜欢了，所以家长要根据孩子对食物味道的接受度，逐渐调整食物的味道。但家长须牢记一定要循序渐进，而不是拔苗助长。

有的妈妈会问，孩子特别喜欢跟大人一起吃饭，能不能把大人吃的饭菜在水里涮一涮，用嘴嚼一嚼然后给孩子吃？这是千万不可以的，其原因主要有两点：第一点是因为大人的饭菜还不适合一岁以下的孩子。孩子的饭菜一定要剁碎然后单做，大人的饭菜味道还是比较重的，即使用水涮一涮孩子的身体也不一定能承受；第二点，绝对不能嚼过了以后再吐给孩子，如果大人的口腔内有一些细菌，就会通过这样的方式传给孩子，比如说幽门螺杆菌等。

但是这也是一个好现象，如果孩子喜欢跟大人一起吃饭，那么家长可以在吃饭的同时也让孩子吃他自己的饭，这样对今后孩子的饮食是有好处的，但是不建议让孩子吃大人

孩子多大能吃盐？

其实出生后的婴儿身体本身就需要钠和氯的摄入，母乳中的盐分就能满足孩子的需求。我们平时所说的吃盐指的是在食物中添加食盐，但是孩子所吃的食物，如母乳、配方粉、婴儿营养米粉等，其中都是含有盐的，只要孩子还在吃这些食物，那么他的体内就是不缺盐的。

按照科学的方式喂养孩子，可以在孩子1岁以后再添加盐。从小给孩子吃一些清淡的食物，会使孩子养成良好的饮食习惯，不至于在他长大后喜欢“口重”的味道，这样对于预防高血压、心脏病等疾病都是有好处的，家长不要认为只有给孩子吃了食盐才叫加盐，孩子的日常饮食中，有足够的盐分。

的饭。

家长应该学会尊重孩子。并不是说某种食物有营养孩子就一定会接受或是适合食用。喂食的方式、加工方法以及食物的味道都很重要。婴儿自己的食物都是少盐或味道比较淡的，家长出于好奇或是好玩让孩子尝自己的食物，给孩子舔一舔筷子或是用馒头蘸点菜汤让孩子嘬一嘬，看似让孩子十分快乐，其实会导致孩子的味觉过早发生变化，孩子就会拒绝自己的比较清淡的食物。所以家长要循序渐进地喂养孩子，不让孩子提前接触还不适合其发育阶段的味道及食物。

有的家长会问孩子一天需要吃几种蔬菜，其实孩子一天只需要吃一两种就好了，但要经常更替。

有的家长认为一天一两种蔬菜可能不能给孩子提供充足的营养物质，这样的认识是不正确的，营养物质来自蔬菜、粮食中的碳水化合物、肉或鸡蛋中的蛋白质等。

有的家长给孩子自制“营养”蔬菜，把七八种蔬菜混在一起做成泥，放在冰箱里冻起来，每天给孩子吃一点，这种做法是十分不恰当的，家长千万不要这么做，因为青菜放置过久，就会产生对孩子身体有害的“亚硝酸盐”。青菜最好是现吃现做，不要为了方便，一次给孩子做很多。

自制的米粉和购买的米粉哪种好

很多家长都会问给孩子添加辅食的话第一种食物应该选择什么，我们给家长们的建议是婴儿营养米粉。首先，婴儿营养米粉为配方米粉，添加了婴儿生长发育所必需的营养素；其次，食用方便，易调稀稠度和喂养量；再者，不需要特别的储存条件。

但是，很多家长又会担心，婴儿营养米粉中是否含有添加剂，实际上任何工业生产的食品中都会含有添加剂，但是粉状的食物中添加剂的含量会相对少很多，而且米粉也被家长们应用了很多年，并没发现有什么问题。仅是米粥不能保证婴儿所需的全部营养素。

有的家长问是否能够自己给孩子制作米粉。自己家做是没问题，但是很难保证其中的营养达到均衡，其中没有孩子生长发育所必需的铁、钙等营养素，孩子的生长发育可能会受到影响，所以建议给孩子添加辅食还是先从婴儿营养米粉开始。至于果泥、菜泥等，建议家长自己给孩子做，这样可以保持新鲜度，而且随吃随做，很方便。

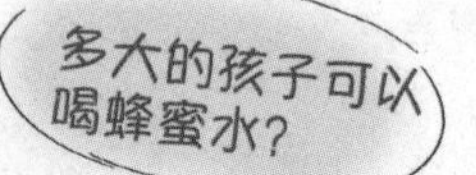

1岁之内的婴儿不建议服用蜂蜜，因为蜂蜜内含激素，对婴幼儿生长没好处。1岁之后可以喝，但家长要有意识地控制水中蜂蜜的含量，这样有利于孩子牙齿和口腔的护理。

不建议服用蜂蜜的几点理由：1.蜂蜜水过甜，会影响婴儿的口味，从而影响对奶或辅食的接受；2.蜂蜜易被肉毒杆菌污染，引起中毒；3.使用蜂蜜为的是润肠，实际上是益生元的作用。

给宝宝喝果汁需要加温水吗

给孩子添加辅食以后，就可以给孩子吃果泥了。对于水果来说，我们还是建议给孩子吃果泥，因为这样不仅能够吃到水果的营养，还能有一定的纤维素，对孩子营养的吸收有益。

我们并不建议给孩子喝果汁，主要原因有两个，第一个原因就是孩子在喝果汁的时候，会将水果中的纤维素滤掉，这其实就丢失掉了一些营养；第二个原因就是孩子喝惯了果汁就不爱喝白水，对今后孩子的牙齿护理也不好。所以并不建议给孩子喝果汁。

如果真的要给孩子喝果汁的话，也不建议给孩子喝加热后的果汁，那样就会破坏其中的维生素，给孩子喝普通的常温果汁就行。

宝宝几个月食物中可以加蛋黄?

答：给宝宝添加蛋黄不是一件急事！一般满六个月后开始添加辅食，最好从婴儿营养米粉开起。婴儿营养米粉能满足宝宝生长所需的营养素。待婴儿接受米粉后，可尝试添加菜泥，包括叶状和茎状菜，与米粉混合一起喂养。同时可添加果泥。满7个月尝试肉泥，满八个月尝试蛋黄。添加每种新食物要观察3天。

到底如何给孩子补充各类营养

无论是母乳喂养还是配方粉喂养，家长总会担心孩子会缺少各种营养素。但是家长应该知道的是，孩子生长需要多种营养素，但是现在所谓的营养素补剂中，只能补充孩子所需营养素的一种或几种，比如说钙、铁、锌等营养素，对母乳喂养、配方粉喂养或是已经正常添加辅食的孩子来讲，都是不会缺少的。

我们要关注的是，给孩子进食是否充足与合理。母乳是一个很好的典范，是营养最为丰富和均衡的组合，除了需要适量地补充维生素 D 以外，其他营养素基本都不会缺乏。为了保证母乳营养素的充足，妈妈的饮食也需要适当的注意，只要每周吃 50 种以上的食物，那么母乳中就不会缺乏营养素。

对六个月以后添加辅食的婴儿，若经济状况允许，还是建议先添加婴儿营养米粉。其中不仅含米，而且添加了婴儿生长所需的很多营养素。既能保证能量的提供，也可满足生

? 1岁10个月的小孩可以每天吃葡萄干吗?

从葡萄干的营养来说，1岁10个月的幼儿完全可以接受，但从食物性状来说，风险较大。由于1岁10个月的幼儿咀嚼能力有限，加上情绪变化快，哭闹和大笑时，有可能将未咀嚼烂的葡萄干吸入气道引发气管异物。这样的案例举不胜数。类似性状的干果等最好都不要给3岁以下婴幼儿直接食用。

长必需的铁、钙、维生素 D、DHA 等营养摄入。自家做的米粥等营养不够均衡，随着婴儿进食种类逐渐增多，可逐渐添加菜、肉、蛋等。

有的家长说，孩子体检发现有轻度的贫血。明明天天给孩子吃鸡蛋黄，喝牛骨头汤，吃鸡肉、鱼肉，为什么孩子还会贫血呢？家长要知道的是，鸡蛋黄里的铁含量真的是不够的，那是过去在没有办法时的选择，现在给孩子补铁最好的食物应当是红肉，当孩子能够吃辅食以后一定要给孩子添加红肉，红肉指的是猪肉、牛肉或是羊肉，食用红肉铁的吸收率可达 60%～70%。所以早期的时候我们推荐给孩子吃婴儿营养米粉，后期的时候一定每天给孩子最少吃一顿红肉，每次量不用很多，但是一定要坚持，千万不要迷信蛋黄和牛骨头汤，那些虽然也有营养，但补铁效果不明显，家长一定要知道，红肉补铁效果才最好。

家长们还会疑惑：怎么给孩子补钙、补锌呢？宝宝缺少这些会不会影响发育？不仅是婴幼儿，包括成人在内，每天饮食中不能缺少必需的营养素，包括钙、锌等。但大家必须

一岁以上的宝宝能吃海苔、豆腐之类的食物吗？

从食物本身来说，一岁以上的宝宝是应该可以接受海苔、豆腐的，但还要考虑两个问题：一、食物性状。进食豆腐时，一定将豆腐弄得很碎，否则有可能出现哽噎；进食海苔时孩子一定能够嚼碎，否则也有可能在口腔内变软后“糊在”食道开口处，感觉不适。二、海苔含盐是否过多，不要让孩子吃过咸的食物。

理解，人体每天所需微量营养素主要应从食物获得，而不仅是依靠额外补充。母乳中也含婴儿生长所需的微量营养素。只要母亲健康，饮食正常，就没必要刻意给孩子额外补充。纯母乳喂养儿只需补充维生素D。

有的家长认为，母乳的量非常足，孩子个头长得也很快，这样还需要在满六个月后吃辅食吗？答案是要的。即使母乳量充足，婴儿接受母乳喂养也很顺利，满六个月后，纯母乳喂养儿仍要添加辅食，主要添加富含铁的辅食，如婴儿营养米粉。因母乳中铁含量不足，婴儿头4~6个月需求的铁，来自母亲怀孕期间通过胎盘传给胎儿而储备的铁。对于婴儿生长，除了关注身长、体重，还需要关注是否有贫血等。

最后要提一下煲汤。煲汤是我国南方很多地区都有的饮食习惯，所以一些家长会给孩子喝各种汤，希望达到食补的效果。关于煲汤家长要注意两点：第一点，煲出的汤中是没有太多营养的，只是味道比较鲜美；第二点，长时间熬制出的汤中，有很多的嘌呤物质，不仅对孩子的身体有害处，对

不同品牌的米粉是否可以混在一起吃?

其实，在混着喝之前，我们一定要有一个前提，观察孩子进食这些奶粉或是米粉后，有没有什么不适，如果分别进食后，都没有出现不适，当然可以混着吃，不管是米粉和米粉还是奶粉和奶粉，都是没有问题的。因为这些都是食物，不是药物，混在一起不可能发生所谓的化学反应，所以对孩子也不可能产生什么不良影响。但是建议家长只是在交替中混合，不要认为混合着吃能吸收更多营养而刻意地将不同品牌的奶粉或米粉每次都混合喂给孩子吃。

成人也是有害的，所以没有必要专门给孩子频繁煲汤喝。

如果只是想给孩子喝汤，那么在滚开的水中放进新鲜的蔬菜，这就可以了，不要刻意煲汤，煲汤实际上对人体健康是不利的，现在已经有很多研究宣传告诉大家，煲汤的时间越长，汤中对人体不利的因素也就越多，我们要改变这种饮食方式，不要将这种方式带入到孩子的饮食中，家长千万要注意，嘌呤进食过多对人体是不利的。

图书在版编目（CIP）数据

崔玉涛图解家庭育儿：口袋版 / 崔玉涛 著. —北京：东方出版社，2018.11
ISBN 978-7-5207-0583-7

Ⅰ. ①崔…　Ⅱ. ①崔…　Ⅲ. ①婴幼儿—哺育—图解　Ⅳ. ① TS976.31-64

中国版本图书馆 CIP 数据核字（2018）第 211264 号

崔玉涛图解家庭育儿：口袋版
（CUIYUTAO TUJIE JIATING YU'ER: KOUDAIBAN）

作　　者： 崔玉涛
策 划 人： 刘雯娜
责任编辑： 郝　苗　杜晓花
出　　版： 东方出版社
印　　刷： 小森印刷（北京）有限公司
版　　次： 2018 年 11 月第 1 版
印　　次： 2018 年 11 月第 1 次印刷
开　　本： 889 毫米 ×1194 毫米　1/40
印　　张： 42.5
字　　数： 1279 千字
书　　号： ISBN 978-7-5207-0583-7
定　　价： 268.00 元（共十册）
发行电话：（010）85800864　13681068662
